现代化矿井工种岗位安全培训系列教材

主提升机操作工

主编　巴　尧

中国矿业大学出版社

图书在版编目(CIP)数据

主提升机操作工 / 巴尧主编. —徐州 ：中国矿业大学出版社，2018.11

ISBN 978 - 7 - 5646 - 4204 - 4

Ⅰ. ①主… Ⅱ. ①巴… Ⅲ. ①矿井提升机—操作—技术培训—教材 Ⅳ. ①TD534

中国版本图书馆 CIP 数据核字(2018)第 239114 号

书　　名　主提升机操作工
主　　编　巴　尧
责任编辑　章　毅　郭　玉
出版发行　中国矿业大学出版社有限责任公司
　　　　　　(江苏省徐州市解放南路　邮编 221008)
营销热线　(0516)83884103　83885105
出版服务　(0516)83995789　83884920
网　　址　http://www.cumtp.com　**E-mail**:cumtpvip@cumtp.com
印　　刷　江苏淮阴新华印务有限公司
开　　本　850×1168　1/32　**印张** 3.625　**字数** 97 千字
版次印次　2018 年 11 月第 1 版　2018 年 11 月第 1 次印刷
定　　价　21.00 元

现代化矿井工种岗位安全培训系列教材
编审委员会

主　任：王贵民　丛　利

副主任：李　刚　程茂玖　胡　剑　毕昌虎
罗会军　孙　凯

委　员：翁明月　周　剑　郭富强　刘宝江
刘计寒　李铁华

主　编：靖大同

副主编：程衍海　巴　尧

参　编：张　军　王金燕　曹丽娟　王小超
杨古荣　陈义堂　周桂荣　佀同磊

主　审：孙　凯

副主审：李铁华

审　稿：马小钧　翁明月　陆殿清　何　军
周　剑　刘计寒　柯象新　苏兰平

《主提升机操作工》
编写委员会

主　编：巴　尧

副主编：佀同磊

参　编：王小超　杨古荣　陈义堂

　　　　张　军　曹丽娟　王金燕

前　言

为了全面提升一线员工的技术业务素质，熟练掌握操作技能，提高分析问题解决问题的能力，根据中天合创煤炭分公司的生产实际情况以及员工技能情况，委托中煤职业技术学院编写了现代化矿井工种岗位安全培训系列教材。

首批编写的有《采煤机司机》《掘锚机司机》《液压支架与泵站工》《主提升机操作工》《综采维修工》和《防爆无轨胶轮车司机》共六个工种。本系列教材按照"了解必要的理论知识，加强实际技能操作，提高解决现场问题的能力"的原则编写，教材中各类设备均为中天合创煤炭分公司目前所用设备，教材做到"语言简练、通俗易懂、重点突出、操作规范"，力求使各类煤矿从业人员能够"看得懂、记得住、用得上"。

《主提升机操作工》是本系列教材中的一本，在编写过程中得到中天合创煤炭分公司以及其他众多部门及专家的支持和帮助，同时还参照了有关专家和学者的文献，在此表示衷心的感谢。

本书编委会
2018年10月

目　　录

第一章　提升机司机岗位的有关标准

第一节　提升机司机岗位职责

一、岗位描述

负责所在提升机设施的运行操作、管理及文明生产工作，持证上岗。

二、职责

(1) 按时参加班前会，听取会中内容。上岗前按规定穿工作服。

(2) 严格遵守《煤矿安全规程》中的停送电制度和其他相关安全规定，切实履行持证上岗、无证不准上岗制度。

(3) 认真执行交接班制度，遵守劳动纪律，坚守工作岗位，不迟到，不早退，不擅离职守，不带孩子上岗，不做与本职工作无关的事情。

(4) 绞车司机应集中精力开车，注意观察电控系统、传动系统、制动系统等工作参数是否正常，注意各个运行设备的声音是否正常，各部轴承油质油量、温度是否正常，深度指示是否准确，发现异常立即停车处理。

(5) 作业时必须按信号操作，掌握每次提放性质(如矸煤、物料、人员、检修等)，以便合理操作。

(6) 提升机的过卷、紧急停车按钮开关每班应试验一次并记录。认真填写提升机运行日志、检查记录、保护装置试验记录和交接班记录。

(7) 掌握设备运行状态,经常按巡回图表检查,发现异常及时处理,并向上级汇报,杜绝设备带病运转。

(8) 司机要集中精力,看清运行信号指示,认定提升方向,按规定程序操作,保证安全运转。

(9) 坚持安全第一的原则,操作前认真检查设备、信号系统及环境安全情况,不符合要求不允许开车;提升机运行过程中发现故障或有非正常信号时,必须立即停车,查明原因,排除故障后,才能继续开车。

(10) 学习质量标准化,按质量标准化要求上标准岗、干标准活。

(11) 交接班人员上下井期间、下放炸药及运输重大设备时,必须由正司机操作,副司机在旁监护。

(12) 绞车系统发生故障或事故时,司机应立即停车,汇报给机电科,并协助维护工排除故障,恢复正常运转。

(13) 搞好车房电气设备及各部环境卫生,保存好各种技术数据和资料。

(14) 对本班岗位设备、设施、零配件、工器具、图表、记录负全责。设备、设施、零配件、工器具、图表、记录不得无故缺损。

(15) 熟悉设备的结构、性能、技术特征、工作原理、供电线路;会操作,会保养,会维护,会排除一般故障。

(16) 认真执行要害场所管理制度,严格执行非工作人员入室登记制度,闲杂人员禁止入内。

(17) 必须严格执行防火安全制度,经常检查消防器材是否齐全完好。

第二节　提升机司机岗位红线

(1) 严禁班中喝酒或酒后上岗；

(2) 严禁不穿工作服上岗；

(3) 严禁携带烟草、火种上岗；

(4) 严禁脱岗、串岗和睡岗；

(5) 严禁无证上岗或不持证上岗；

(6) 严禁旋转部位危险范围内作业；

(7) 严禁在运行的钢丝绳波及范围内站人；

(8) 严禁破坏、偷盗安全生产系统、设施、设备；

(9) 严禁发生人身事故或非伤亡事故不及时汇报；

(10) 严禁不按发送信号开车或甩保护操作设备；

(11) 严禁领导不在场，用紧急方式开车。

第三节　提升机司机岗位作业标准

一、主题内容与使用范围

(1) 为了加强提升机管理，保证安全运转，根据有关规定和葫芦素煤矿副立井大罐笼提升机设备情况，制定本标准。

(2) 本标准为葫芦素煤矿副立井大罐 JKM-5×6(Ⅲ)E 塔式多绳摩擦式提升机的操作方法及要求。凡副立井提升机司机、检修工、信号工及其有关人员均应熟悉本标准，并认真贯彻执行。

(3) 参照《煤矿安全规程》和设备技术操作维护说明书的相关内容。

二、上岗条件

(1) 提升机司机必须经过培训，熟悉设备的结构、性能、技术特征、动作原理，掌握《煤矿安全规程》的有关规定及车房各项规章制度，经考试取得合格证后，持证上岗。

（2）司机不得擅自调闸和调整各保护装置、继电器、电磁阀等整定参数，严格遵守本标准及《煤矿安全规程》的有关规定。

（3）上班前不得喝酒，工作时精神集中，不得干与本职无关的工作；着装符合工作要求。

三、一般规定

（1）提升机司机每班两人（一人操作，一人监护），每一小时进行一次主、副司机互换。运行中严禁换人。

（2）提升机司机不得擅离岗位，特殊情况需离开时，必须通知信号工，控制手柄必须在“0”位、制动手柄必须在抱闸位置，拍下“施加安全制动”按钮，断开安全回路。

（3）提升机司机必须熟悉本提升机系统的工作性能，了解主要设备的构造和动作原理，能看懂本设备电控原理图，制动系统图，上位机、触摸屏、传动系统等人机界面显示内容，能独立操作和进行一般性维护工作。

（4）提升机司机不得让无关人员进入提升机房，非工作人员出入必须进行登记；提升机司机值班期间严禁饮酒，疾病等精神状态不好时严禁操作。

（5）严格执行提升机司机交接班制度，按巡回检查路线对重点检查部位进行一次全面检查，并认真填写记录。对检查中发现的问题，要及时向队值班领导汇报，并及时通知检修工处理。

四、操作

（一）司机应熟悉各种信号，操作时必须严格按信号执行

（1）司机不得无信号动车。

（2）当司机所收信号不清楚或有疑问时，应立即用电话与井口信号工联系，重发信号，再进行操作。

（3）司机接到信号因故未能执行时，应通知井口信号工，申请原信号作废，重发信号再进行操作。

(4) 罐笼在井口停车位置时，司机不得擅自动车；若因故需要动车，应与信号工联系，并按信号执行。

(5) 罐笼在井筒中时，若因检修需要动车，应事先通知信号工，并经信号工同意后，可做多次不到井口的升降运行，完毕后再通知信号工。

(二) 进行特殊吊运时其速度应符合的规定

(1) 使用罐笼运送硝化甘油类炸药或雷管时，运行速度不得超过 2 m/s；运送其他爆炸材料时，不得超过 4 m/s。

(2) 吊运特殊大型设备及长材料时，其运行速度不应超过 2 m/s。

(3) 人工验绳的速度，一般不大于 0.3 m/s。

(4) 因检修井筒装备或处理事故，需要站在提升容器顶上工作时，其提升容器的速度一般为 0.3～0.5 m/s，最大不超过 2 m/s。

(三) 提升机启动前应做的工作

(1) 将制动手柄置于施闸位置，主令手柄置于中间"0"位。

(2) 开车前应了解井口井底情况，做到心中有数。

(四) 设备断电/上电/启动(plant off/on/start)

(1) 该旋钮有左、中、右 3 个挡位，左位是设备断电，中间位是设备上电，右位是设备上电启动(该位置不能保持，松手后将自动弹回中间位置)。

(2) 执行上电条件：无欠压(400 V/230 V/24 V)，操作电源开关已合闸，电动机风机开关已送电及其他开关已经在合闸位置，具体条件参见 HMI 画面中"设备开启状态"分画面中的"设备开启条件"，所有条件都应该满足，否则上电操作系统不执行。

(3) 执行上电操作时将该钮从左位旋到中间位，再到右位，松手后旋钮自动弹回中间位置，设备依次自动上电。这些设备包括水冷系统、润滑站系统、主电机风机、功率柜风机和高压开关。

(4) 若有的设备由于某种原因未能成功启动，在条件具备后需先按故障复位，再执行上电操作(可直接将“设备断电/上电/启动”钮由中间位向右位拨一下，无须先拨到左位将已上电的其他设备先关闭)。

(5) 只有在安全回路断开(安全制动)后再将该旋钮拨到左位才能执行设备断电操作。主电动机风机可在安全回路断开后通过操作台按钮进行独立控制。

(五) 3 个监控回路

(1) 控制柜(H41/G51)系统 A 和系统 B 各有 3 个监视回路，分别是：

① 安全回路 A(系统 A　Q0.1＝N51-K11)和安全回路 B(系统 B　Q0.1＝N52-K11)；

② 电气停车回路 A(系统 A　Q0.2＝N51-K12)和电气停车回路 B(系统 B　Q0.2＝N52-K12)；

③ 闭锁回路 A(系统 A　Q0.3＝N51-K13)和闭锁回路 B(系统 B　Q0.3＝N52-K13)。

正常状态 PLC 输出为高电平 1，继电器吸合。操作台上有安全回路、电气停车回路、闭锁回路指示灯，若相应的回路 A 和 B 均为 1，则指示灯亮。

(2) 系统通过硬件逻辑对系统 A 和系统 B 相应的回路状态是否一致进行监视，＝N53-K20 为相同监视继电器，操作台上有“系统 A/B 一致”指示灯。若指示灯未亮但系统 A/B 回路状态一致，按一下控制柜(＋G51)内的复位 (reset) 按钮，则＝N53-K20 吸合，“系统 A/B 一致”指示灯亮。在出现系统 A/B 回路状态不一致时＝N53-K20 断电，“系统 A/B 一致”指示灯灭。

(3) 操作台 P10 左侧有 4 个指示灯指示 3 个回路的状态和系统 A/B 相同监视状态，除闭锁回路外的另外 3 个指示灯有 1 个或多个不亮就会触发声音报警。

(4) 在提升过程中安全回路断开或系统 A/B 回路不一致将产生机械制动并抱闸。在自动方式提升过程中电气停车回路断开产生电气制动并抱闸，闭锁回路断开将允许绞车提升到位，然后禁止下一次提升。在手动提升过程中若电气停车回路或闭锁回路断开，则提升可继续，但操作台发出报警声音，手动停车抱闸后将不能再次松闸开车。

(5) 设备上电完成后，将绞车置于手动方式，制动手柄置于抱闸位，速度手柄置于中间零位，松开"紧停"(apply)按钮，条件满足后 P10 中显示灯"SAC 准备好"点亮，按下"释放安全制动"(release safety brake)按钮直到励磁电流表达到正常范围再松开此按钮，则安全回路闭合。

(6) 在半自动方式下安全回路断开后，必须将绞车转到手动方式，才能在故障解除后按"安全回路释放"按钮使安全回路闭合。

(六) 绞车工作方式

(1) 绞车工作方式如表 1-1 所示。

表 1-1　　绞车工作方式

	提人	提物	井筒检查	查绳
手动/紧急手动	*	*	*	*
半自动	*	*		

注：* 指允许的工作方式。

(2) 所有模式的转换都必须满足以下条件：

① 绞车停车抱闸；

② 制动手柄在抱闸位，控制手柄在零位；

③ 方式组合是允许的，如表 1-1 所示。

(3) 在以下条件下，按半自动按钮，系统切换到半自动方式：

① 绞车停车施闸；

② 制动手柄在施闸位，主令手柄在“0”位；

③ 罐笼任何一层到位（箕斗在位指示灯亮）；

④ 绞车在正常提升方式下（手动方式下的提人或提物）；

⑤ 安全回路和电气停车回路闭合并且系统 A/B 回路一致；

⑥ 没有同步请求；

⑦ 没有旁路井筒信号系统。

（4）在以下条件下按手动按钮，系统可切换到手动方式：

① 绞车停车抱闸；

② 制动手柄在施闸位，主令手柄在“0”位。

（5）手动方式下绞车司机根据信号工发出的单击铃信号通过闸控手柄和速度手柄开动绞车。半自动方式下在收到井筒信号系统发来的单击铃信号后绞车司机按“准备好”按钮确认，绞车开始自动提升。

（七）绞车运行速度

（1）绞车最大速度为 10.47 m/s；

（2）提人时速度为 6 m/s；

（3）提物时速度为 10.47 m/s；

（4）查绳提升时速度为 0.3 m/s；

（5）井筒检查方式时速度为 0.5 m/s；

（6）在紧急手动方式下速度为 2 m/s；

（7）有同步请求，或在闭环控制监视中有旁路，或在紧急手动方式下则速度为 2 m/s；

（8）爬入和爬出距离为 15 m，速度为 0.5 m/s，过卷速度为 0.2 m/s；

（9）多个条件满足时最低的速度生效，需要注意的是在紧急手动方式下最大速度一定为 2 m/s，爬入和爬出速度和过卷速度将不生效。

（八）过卷

（1）过卷分为软过卷和硬过卷，软过卷是控制系统通过来自编码器的实际位置与设定值比较产生的；硬过卷是装在井筒中的电磁开关，在井筒中罐笼侧井口及井底分别有两个过卷开关。井口从上到下依次为极限过卷开关、过卷开关、软过卷，井底从上到下依次为软过卷、过卷开关、极限过卷开关，在操作台上有指示灯指示。

（2）发生过卷后，安全回路断开，绞车停车抱闸。这时需转换到手动方式，按一下“过卷旁路”（bridge）按钮，过卷旁路指示灯亮，再按“安全回路释放”（release）按钮合上安全回路，手动将绞车开回正常区域，这时过卷指示灯和过卷旁路指示灯灭，旁路自动取消。

（3）除查绳方式外，在过卷旁路情况下开车，系统将检查绞车方向，绞车应该向不过卷的方向开车。若方向不对，则自动取消旁路，安全回路断开停车抱闸。这时需再按发生过卷后处理。

（九）操作手柄

（1）在系统 A/B 三个回路均闭合并且系统 A/B 回路状态一致时，在手动方式下制动手柄用于连续调节液压压力，前推压力增大松闸，后拉压力减小抱闸。液压压力和闸状态在操作台上有指示。

（2）控制手柄在手动方式下用于控制绞车的速度和方向，中间是零位，前推罐笼向下，后拉罐笼向上。

（3）在手动方式下，井筒信号系统未旁路时，停点状态（1 点）下绞车是闭锁的（操作台的闭锁回路指示灯不亮），操作制动手柄不能松闸，绞车不能开动。只有在井筒信号系统发出开车点（2/3/4/5）后，先将速度手柄置于正确的方向后，闭锁才能解除（操作台的闭锁回路指示灯亮），这时将制动手柄前推可以松闸开车。绞车运行到位时井筒信号系统发出停点后，操作者将速度手柄置于零位，在绞车速度接近零时将制动手柄拉回抱闸位抱闸。

（4）手动方式下绞车运行中需要停车抱闸时，必须先将主令手柄置于“0”位，在绞车速度接近零时再将制动手柄置于抱闸位使绞车停车抱闸。如遇紧急情况需要停车，应按下红色紧停按钮进行机械制动，一定不能在绞车速度为 0.5 m/s 以上时将制动手柄置于抱闸位紧急停车，这可能会引起过流和滑绳，并对机械造成冲击和磨损。

（十）同步请求

（1）系统初次上电或重新启动，或发生滑绳，跳跃监视，则系统发出箕斗同步请求，并在操作台上有指示。

（2）有同步请求时需在手动方式下使罐笼经过任一同步开关，直到同步请求指示灯灭。有同步请求时最高速度为 2 m/s。

（十一）故障复位和声音复位

操作台上有指示灯指示各种故障，每一个新故障的出现都触发报警声音，按“声音复位”(audible signal reset)按钮可解除声音报警。在故障源解除后按“复位”(reset)按钮可清除故障。

（十二）错向保护

（1）手动方式下没有单击铃信号绞车闭锁回路不闭合，闸不能松开，绞车不能开动。在信号系统发出单击铃信号后(上/下/慢上/慢下)并且将主令手柄置于正确的方向后，闭锁回路闭合，绞车才能开动。

（2）手动方式下绞车必须按单击铃信号的方向开动，若速度手柄方向或绞车实际运行方向与单击铃信号相反则安全回路断开，绞车安全制动。

（3）手动方式下绞车运行中在单击铃信号发出停点后绞车将会自动停止，在速度接近停止时绞车司机需将闸控手柄迅速拉到抱闸位，若在停点发出 6 s 后绞车仍没有抱闸则安全回路断开，绞车安全制动。

（4）在特殊情况下可使用 G51 柜中的钥匙开关或者 1P12 上的钥匙开关将井筒信号系统旁路，这时绞车可以脱离单击铃信号自由开动。需要注意这时来自井筒信号系统的紧急停车(电气停车)和闭锁信号也将被旁路而不起作用。

(5) 自动方式下若绞车的实际运行方向和系统自动给定的方向相反则绞车电气停车回路断开,绞车电气停车。

(十三) 画面监视

(1) 绞车司机和维护工程师需要非常熟悉画面。

(2) 对于维护工程师,需要在提升工艺监视分断安全回路而不能对之复位的情况下对之进行旁路开车,并且在故障解除后取消旁路。

(十四) 上行释放和下行释放

(1) 手动和半自动方式下上行释放和下行释放过程由系统自身完成此过程,不需要司机干预。司机需要注意的是观察画面中“井筒信号系统”分画面,协助信号工完成操车过程。

(2) 在上行释放和下行释放过程中,绞车速度自动设置为0.1 m/s,上行释放和下行释放完成后绞车按选定的提升方式运行。

(3) 上行释放和下行释放过程中,操作台有对应的显示。

(十五) 电动机绕组串联/并联模式

(1) 绞车正常运行模式是电动机绕组并联模式,切换柜打到并联模式,柜门上的白色指示灯亮,具体操作见柜门上操作说明。

(2) 电动机绕组串联模式是为截绳模式设计的,切换柜打到串联模式,柜门上的红色指示灯亮,具体操作见柜门上操作说明。

(十六) 常用的工作方式

(1) 绞车在正常的提升方式时(提人或提物),由于副井1号提升机对停车位置精度要求很高,手动方式很难达到要求的精度,所以要求以半自动方式开车。

(2) 绞车在上行释放或下行释放过程中,如果操车系统中的锁舌不能及时收回而超,那么在自动方式提升时系统将自动抱闸,等待锁舌收回,手动方式时将分断安全回路。这种情况下,可手动将绞车开到位，然后再按半自动方式上行、下行或换层运行。

特别要注意的是：当绞车的速度不为零时，禁止将闸手柄直接拉到抱闸位置。若司机在未打停点时要停车，那么先将速度手柄拉到零位，等速度降到零时再抱闸。紧急情况时，司机直接按下紧急停车按钮来实现停车。

五、监护司机的职责

（1）监护操作司机按提升人员和下放重物的规定速度操作。

（2）必要时监护司机可直接操作紧急停车按钮执行紧急停车。

六、提升机司机应进行班中巡回检查

（1）巡回检查一般为每小时一次。

（2）巡回检查要按主管部门规定的检查路线和检查内容依次逐项检查，不得遗漏。

（3）在巡回检查中发现的问题要及时处理。

（4）所有发现的问题及其处理经过，必须认真填入运行日志。

七、提升机司机应遵守的操作纪律

（1）司机操作时手不准离开手把，严禁与他人闲谈，开车后不得接打电话。

（2）操作期间禁止吸烟，不得离开操作台及做其他与操作无关的事。

（3）司机应轮换操作，每人连续操作时间一般不超过 1 h。在提升机运行过程中，禁止换人。

（4）司机接班后，禁止睡觉、打闹。

八、提升机司机应遵守的安全守则

（1）禁止超负荷运转。

（2）司机不得擅自调整制动闸。

（3）司机不得随意变更继电器整定值和安全装置整定值。

（4）检修后必须试车，并做各种保护实验。

(5) 操作高压电器时,应按《煤矿安全规程》要求戴绝缘手套,穿绝缘靴或站在绝缘台上,执行一人操作,一人监护。

(6) 维修人员进入滚筒工作前,切断电源,并在闸把上挂“滚筒内有人工作,禁止动车”警示牌。工作完毕后,摘除警示牌,并应缓慢启动。

(7) 停车期间,司机离开操作位置时必须做到:

① 将可制动手柄移至施闸位置;

② 主令控制器手把置于中间“0”位;

③ 切断控制回路电源。

九、注意事项

(1) 操作台上的开关或按钮不可随意触按。

(2) 正常运行时出现故障并实施安全制动后,在故障原因未查清和消除前,禁止动车。原因查清后,故障未能全部处理完毕,但已能暂时恢复运行,经主管领导批准后可以临时恢复运行,完成本钩提升行程后,再停车请维护人员进行继续处理。

(3) 如果在运行中显示重故障,绞车自动紧急停车,并请维护人员检修。

(4) 无论是手动还是半自动操作,如果“紧急停车”按钮不起作用,可再按“高压分”按钮。

(5) 如果第一次开车不在停车位置,请用慢动方式开完此行程。

(6) 下列情况下需使用“紧急停车”按钮:

① 当听到紧急停车信号时。

② 当出现重故障显示而绞车没能自动紧急停车时。

③ 当出现提升钢丝绳突然剧烈抖动或严重打滑时。

④ 当使用“半自动操作”到井口或井底没有停车时。

⑤ 在设备检修及处理事故期间。司机应严守岗位,不得擅自离开提升机房,检修需要动车时,须由专人指挥。

十、文明卫生标准化

(1) 在检修及事故处理后，司机会同检修工作人员认真检查验收，并做好记录，发现问题应及时处理。

(2) 搞好设备及机房内外环境卫生，并将工具、备品排列整齐和清点。

(3) 按有关规定，认真填好各种记录。

第四节　提升机司机作业环境

(1) 要害场所入口处必须悬挂“要害场所闲人免进”字样的警示牌。

(2) 上级领导和来宾进入要害场所参观、检查、指导工作，必须有本单位负责人陪同带领并进行登记；外来人员持证明信件，经有关领导批准，方可进入车间并进行登记；本矿各部门人员，持证件进入提升机房并进行登记。

(3) 要害场所必须有“要害登记簿”“交接班记录簿”“运行记录簿”。值班人员应认真填写，详细记录，妥善保管，以备检查。

(4) 凡进入要害部位的工作人员，值班人员必须认真进行检查，严禁携带任何易燃、易爆、危险化学品进入。

(5) 未经矿主管领导批准任何人不准在要害场所摄影、拍照、绘图、转抄有关资料。

(6) 值班人员必须认真学习、熟悉设备性能，掌握操作规程和执行规章制度，不得擅自离开岗位和带非工作人员入内。

(7) 要害场所不得放置与设备安全运行无关的物品，如易燃、易爆、有毒物品及其他杂乱物品。

(8) 上班前不准喝酒，严格执行交接班制度，坚守工作岗位，上班时不做与本职工作无关的事情，严格遵守有关规程规章的规定。

(9) 提高警惕，严防人为进行破坏，做好要害场所设施的巡视工作。

(10) 要害场所内必须配备足够的灭火器材、安全用具等物品，值班人员要保持要害场所的干净、清洁、整齐、美观，做好文明建设。

(11) 发生事故时，必须立即向调度室和机电科汇报，不得隐瞒，并排除险情，防止事故蔓延扩大；做好标识，保护好现场，并采取措施。

第五节　提升机司机危险源的辨识

一、工作流程

岗前准备→开车前的检查→设备上电→开润滑泵→开制动泵→开车→停车→停制动泵→停润滑泵→拍急停按钮→巡回检查(巡检流程：液压站→滚筒、钢丝绳排列情况→电动机→电控部分→润滑站→接地装置→灭火器材)→停电。

二、危险源

(1) 司机操作时，精神状态差，监护不到位；

(2) 提升机保护装置动作不灵敏或失效；

(3) 信号听辨不清就开车或运行中有异响；

(4) 停送电时未戴绝缘手套或穿绝缘鞋；

(5) 停送电操作顺序错误；

(6) 巡检过程中触摸或靠近设备旋转部位；

(7) 钢丝绳损伤、断丝断股、磨损超限；

(8) 接地装置失效；

(9) 停、送电时，不核实开关柜编号，不检查断路器分合状态、隔离手柄位置；

(10) 绞车运行时更换绞车司机；

(11) 消防器材不合格。

第二章　矿井提升系统

第一节　矿井提升系统概述

矿井提升系统是矿井生产系统中重要的环节，是联系地面和井下的咽喉要道。矿井提升系统担负着提升全矿井的煤、矸石、材料、设备及人员的重要工作。提升机司机必须熟悉矿井提升设备的性能、构造和工作原理，熟练掌握正确的操作方法，确保提升设备高效、安全、可靠地运行。

一、矿井提升系统的组成和分类

（一）矿井提升系统的组成

由矿井提升机、电动机、电气控制系统、安全保护装置、提升信号系统、提升容器、提升钢丝绳、井架、天轮、井筒装备以及卸载附属设备等组成。

（二）矿井提升系统的分类

（1）按用途分：主井提升机系统和副井提升机系统。

（2）按井筒倾角和提升容器分：立井普通罐笼提升系统、立井箕斗提升系统、斜井箕斗提升系统、斜井串车提升系统和立井吊桶提升系统。

（3）按缠绕结构形式分：缠绕式提升系统和摩擦式提升系统。

（4）按拖动类型分：交流拖动系统和直流拖动系统。

（5）按常见的提升方式分：立井提升系统和斜井提升系统。

二、立井提升系统

（一）立井箕斗提升系统

立井箕斗提升系统如图 2-1 所示。

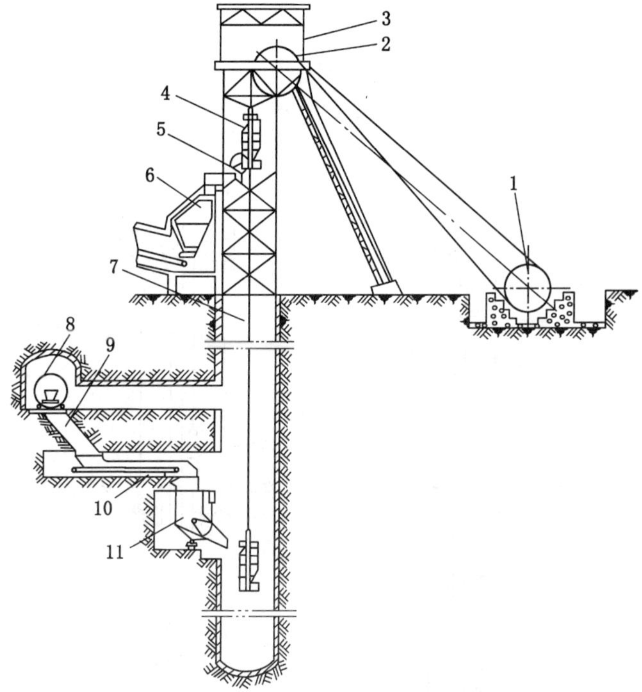

图 2-1　单绳缠绕式提升机箕斗提升系统

1——提升机；2——天轮；3——井架；4——箕斗；5——卸载曲轨；6——井口煤仓；7——钢丝绳；8——翻笼；9——井底煤仓；10——给煤机；11——装载设备

煤炭通过矿车运到井底车场的翻车硐室，卸入井底煤仓 9 内，通过装载设备装入位于井底的箕斗 4；同时位于井口的另一个箕斗通过卸载曲轨 5 使其卸载闸门打开，将煤炭卸入井口煤仓 6 中。上下两个箕斗分别与钢丝绳 7 连接，两根钢丝绳绕过井架 3 上的天轮 2 后，以相反的方向缠于提升机 1 的滚筒上，当提升机运转时，钢丝绳一上一下往返提升箕斗和下放箕斗，完成提升煤炭的任务。

立井箕斗提升系统运行环节简单，易于实现自动化提升，主要用于提升煤炭。

（二）立井普通罐笼提升系统

立井罐笼提升系统如图 2-2 所示。

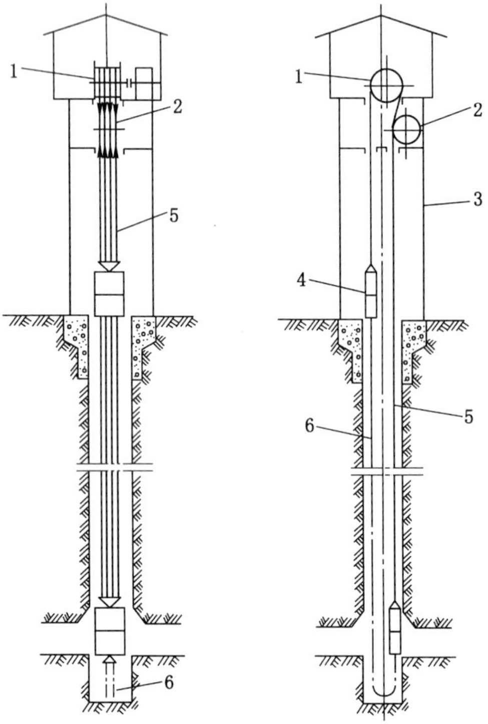

图 2-2　塔式多绳摩擦提升机罐笼提升系统

1——提升机；2——导向轮；3——井塔；4——罐笼；5——提升钢丝绳；6——平衡钢丝绳

提升机的提升钢丝绳 5 绕过提升机 1 的主导轮的摩擦衬垫，提升容器罐笼 4 悬挂在钢丝绳两端，其底部悬挂有平衡钢丝绳 6，为了提高防滑能力设有导向轮 2。通过主导轮的摩擦力带动提升钢丝绳 5 的旋转，从而带动罐笼 4 的上提和下放，完成人员、设备和材料的提升任务。

三、葫芦素煤矿主副井提升系统简介

（一）主井提升系统

葫芦素煤矿主井提升系统如图 2-3 所示。

中天合创葫芦素煤矿主井井塔塔高 101.1 m，井深 655.78 m，主井主要任务是承担全矿生产提煤任务，主井两套提升机均采用 ABB(瑞典)公司生产的型号为 JKM-5×6 的塔式多绳摩擦提升机，该提升机最大提升速度为 14 m/s，箕斗有效载荷为 50 t。年设计生产能力为 1 300 万 t，每车每班约 1 万 t。提升机滚筒及导向轮直径为5 m，主电动机为 ABB 生产的型号为 AMZ2500 的三相双绕组低速同步电动机，额定转速为 53.5 r/min，额定功率为 8 000 kW。制动系统为 ABB 生产的 TUBE 液压站及配套专用电控系统，其由 2 台液压站和 22 组制动单元组成，具有工作制动、恒减速制动、恒力矩制动三种工作方式，能够保证提升机在各种工况下的工作制动和安全制动。传动系统为 ABB 生产的型号为 ACS6000 SD的三电平水冷式四象限变频器，最大额定功率为 14 MW，控制方式采用国际先进 DTC 直接转矩控制技术。

（二）副井提升系统

葫芦素煤矿副井提升系统如图 2-4 所示。

中天合创葫芦素煤矿副井井塔高度为 64 m，井筒直径为 10 m，提升高度为 667.8 m，副井提升系统由两套提升机构成，分别为全进口德国西格玛及西门子公司生产的型号为 JKM-5×6 的多绳摩擦提升机和中国中信重工公司生产的型号为 JKM-4×6 的多绳摩擦提升机。两个提升机全部采用罐笼加配重模式，停车准

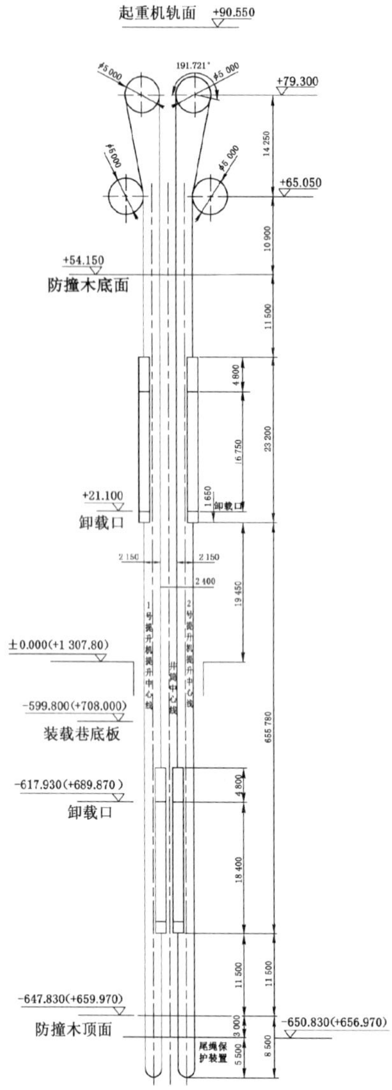

图 2-3　葫芦素煤矿主井提升系统图

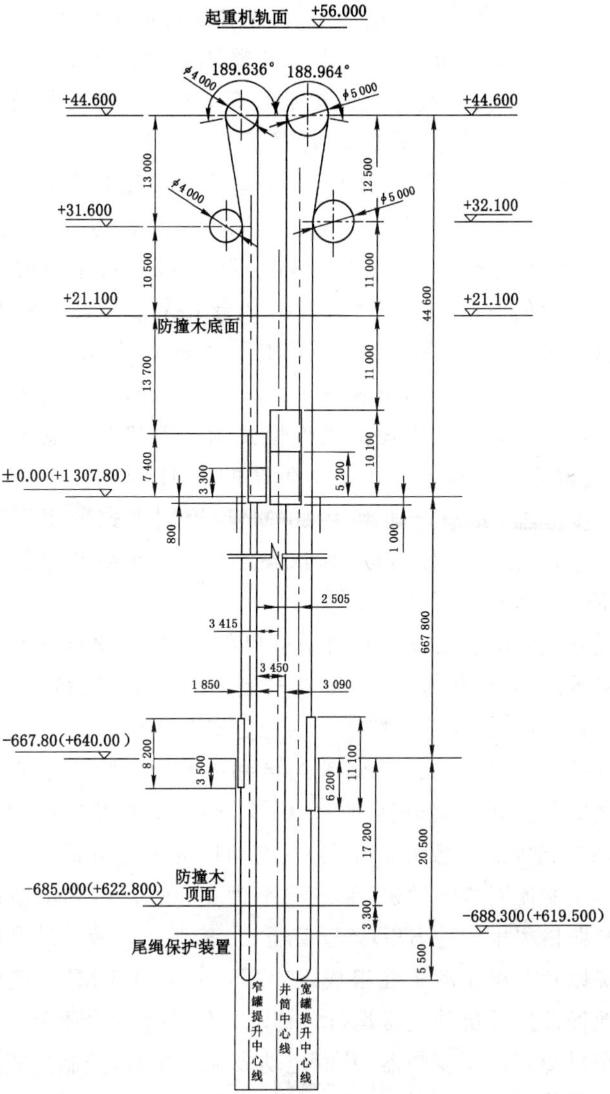

图 2-4　葫芦素煤矿副井提升系统图

确。2部提升机各自独立电源运行,整体运行可靠性高。

副井1号提升机主要担负全矿整体升降液压支架、升降人员、运送材料和无轨胶轮车的提放任务,该提升机最大提升速度为10.47 m/s,滚筒及导向轮直径为5 m,双层最大载人数为280人,最大有效载荷为50 t。主电动机为交流低速变频调速同步电动机,由德国西门子公司生产,双绕组直连,额定功率为3 300 kW,额定转速为53.3 r/min。制动系统同样为德国西格玛公司生产的STD-3液压站,其由2台冗余液压站和配套电控系统以及18组制动单元组成,工作压力为14.5 MPa,具有恒减速、恒力矩制动方式(恒减速度为1.5 m/s^2);其配套电控为双回路控制器以及蓄电池电源的工作模式为提升机提供安全的制动控制;传动系统是由西门子公司生产的SM150型交直交水冷式三电平变频器,其额定功率为10 MW,控制方式采用先进的矢量控制技术(最低速度可以达到0.01 m/s,停车精度为1 cm),为提升机精准运行提供保障。

提升机的电控系统为西门子进口部件,数字化行程及控制保护人机界面,人性化操作台,双路控制PLC,高可靠按钮,继电器及抗干扰设计,保证了电控系统的稳定安全运行。

副井2号提升机担负全矿人员和3 t无轨胶轮车的升降任务。该提升机最大提升速度为10.47 m/s,滚筒及导向轮直径为4 m,双层最大载人数为130人,主电动机为上海电机厂生产的直连式低速交流同步电动机,额定功率为1 500 kW,制动系统同样为德国西格玛生产的STD-3型液压站,其由2台液压站和配套电控系统以及8组制动单元组成,工作压力为14.5 MPa,能够安全有效地保证提升机的正常运行。传动系统为北京合康公司生产的交直交风冷式高压变频器,其额定功率为5 MW,控制方式采用先进的矢量控制技术,为提升机运行提供保障。

第二节　井架、天轮、导向轮与井筒装备

一、井架

井架是矿井地面的重要建筑物之一，它的作用是支撑天轮和承受全部提升重量，固定钢丝绳罐道和卸载曲轨，架设普通罐笼的承接装置。采用挠性罐道时，还承担钢丝绳罐道及其重锤的静拉力。

井架按材质不同分为：木井架，金属井架，钢筋混凝土井架（井塔）。

木井架用于年产量小、服务年限短（6～8 年）的立井及斜井。临时性的掘进施工也采用木井架。

金属井架主要用于主井，使用广泛。其特点是井架的各构件可制成装配式部件，在现场进行总体安装，这样既可保证井架的制造质量，又可节省现场的安装时间；服务年限长；重量较轻；使用中能够加固、加高，还可以重复使用。它的不足之处是钢材消耗量大，造价高；制造和安装精度要求高；易腐蚀，故维修量大。《煤矿安全规程》第三百九十九条规定：应当每年检查 1 次金属井架、井筒罐道梁和其他装备的固定和锈蚀情况，发现松动及时加固，发现防腐层剥落及时补刷防腐剂。检查和处理结果应当详细记录。建井用金属井架，每次移设后都应当涂防腐剂。

钢筋混凝土井架服务年限长，稳定性好，抗震性好，维修费用少，比金属井架造价便宜；但其自重大，施工期长。多绳摩擦式提升系统采用混凝土井架，通常称为井塔。

二、天轮、导向轮

（一）天轮的作用及类型

天轮位于井架的天轮平台上，其作用是撑起连接提升机滚筒和提升容器的钢丝绳，并引导钢丝绳转向。

天轮有游动天轮、井上固定天轮、凿井及井下固定天轮 3 种。游动天轮可以沿轴移动，可保证钢丝绳偏角不大于 $1^{\circ}30'$ 的规定值，多用于暗斜井或上下山运输。固定天轮不能沿轴向移动，主要用于大型提升设备。

（二）天轮的结构及其要求

天轮轮缘的结构、轮缘的材质以及绳槽直径对钢丝绳的使用寿命都有一定的影响。因为提升机启动和停止时，由于天轮的惯性，轮缘与钢丝绳之间会产生滑动，使钢丝绳的磨损加剧，因此应尽量减轻轮缘的重量。

天轮轮缘上的绳槽分带衬垫和无衬垫两种。

带衬垫天轮是用木质或橡胶做成的衬垫镶嵌在轮缘的绳槽内，这样既可以减少钢丝绳的磨损又可避免天轮轮缘的磨损，延长天轮和钢丝绳的使用寿命。但当衬垫磨损后，钢丝绳与衬垫的接触面积减小，使钢丝绳的接触应力增大，加速钢丝绳与天轮衬垫的磨损。而且衬垫由于磨损后变小，有可能从轮缘中掉出，同时也使罐道与罐耳的磨损增加。所以《煤矿安全规程》第四百二十一条规定：当天轮绳槽衬垫磨损达到 1 根钢丝绳直径的深度时，或者沿侧面磨损达到钢丝绳直径的 1/2 时，必须更换；摩擦轮绳槽衬垫磨损剩余厚度不得小于钢丝绳直径，绳槽磨损深度不得超过 70 mm。在提升机日常运行中，应加强对天轮的维护检查，及时处理松动或掉落的衬垫，以防发生事故。

无衬垫天轮轮缘用具有较高耐磨性的钢材制造。没有衬垫的消耗，减小了维修工作量，避免了因衬垫磨损过量或脱落而引起的提升钢丝绳剧烈跳动的故障。但是天轮绳槽处以及钢丝绳的磨损较大，当绳槽磨损量超过规定值时，就要更换天轮。

此外，《煤矿安全规程》第四百一十七条和第四百二十一条还规定：提升装置的天轮、摩擦轮、导向轮的最小直径与钢丝绳直径之比值，应当符合第四百一十七条的要求，如围抱角为 180° 的塔式摩擦提升装置的摩擦轮，最小比值(井上)为 80；通过天轮的钢丝绳必须低于天轮的边缘，其高差：提升用天轮不得小于钢丝绳直径的 1.5 倍，悬吊用天轮不得小于钢丝绳直径的 1 倍。

三、井筒装备

(一) 罐道的类型和应用

罐道是提升容器的导向装置，其作用是消除在提升过程中提升容器的横向摆动，使容器在井筒中高速、安全、平稳地运行。罐道沿井筒轴线固定在罐道梁上或悬挂在井架上。

罐道分为刚性和挠性两种。挠性罐道采用钢丝绳。刚性罐道一般采用钢轨、各种型钢和方木，刚性罐道固定在金属型钢或特制的钢筋混凝土罐道梁上。

钢罐道有钢轨罐道和组合刚性罐道(用型钢组合而成的矩形罐道)。钢轨罐道的侧向刚性小，易造成容器的横向摆动，当配套使用刚性罐耳时，其磨损较大，所以钢轨罐道一般用于提升速度和终端载荷都不大的提升设备。组合刚性罐道的截面是空心矩形，由两个角钢或槽钢焊接而成，也有用整体轧制型钢的。组合刚性罐道的优点是罐道刚性强，提升容器运行平稳，罐道与罐耳磨损小，服务年限长，在终端负荷和提升速度都很大时，使用这种罐道更为合适。

钢丝绳罐道每个容器一般用四根钢丝绳导向，钢丝绳可布置在容器四角，罐道绳上端用固定装置固定在井架上，罐道绳下端采用连接装置和重锤拉紧。与刚性罐道相比，钢丝绳罐道安装工作量小，建设时间短，维护简便，高速运行平稳、可靠，无罐道梁窝，可减小井壁厚度，通风阻力小。但采用钢丝绳罐道时，容器之间及容器与井壁之间的间隙要求较大，增大了井筒净断面积，井塔或井架的荷重增大，这些都限制了钢丝绳罐道的应用。

按罐道对提升容器的位置，罐道可分为正面、两侧面和单侧面 3 种布置。单侧面布置主要用于钢轨罐道。正面布置比两侧面布置的罐道运行平稳，但在卸载位置正面罐道要断开，需在侧面加导向装置。

（二）罐道的使用维护要求

（1）为了使提升容器运行平稳，提升容器的罐耳在安装时，与罐道之间所留间隙应符合《煤矿安全规程》第三百九十六条的规定：

① 使用滑动罐耳的刚性罐道每侧不得超过 5 mm，木罐道每侧不得超过 10 mm。

② 钢丝绳罐道的罐耳滑套直径与钢丝绳直径之差不得大于 5 mm。

③ 采用滚轮罐耳的矩形钢罐道的辅助滑动罐耳，每侧间隙应保持 10～15 mm。

（2）在提升过程中，由于各个阶段的提升速度不同，提升容器的受力也不同，因此会产生一定的摆动，如果提升容器间以及提升容器与井壁、罐道梁、井梁之间的间隙过小，它们之间就可能发生相互碰撞，导致重大事故的发生。《煤矿安全规程》第三百九十六条规定，使用时，罐耳和罐道的磨损量或者总间隙达到下列限值时，必须更换：

① 木罐道任一侧磨损量超过 15 mm 或者总间隙超过 40 mm。

② 钢轨罐道轨头任一侧磨损量超过 8 mm，或者轨腰磨损量超过原有厚度的 25%；罐耳的任一侧磨损量超过 8 mm，或者在同一侧罐耳和罐道的总磨损量超过 10 mm，或者罐耳与罐道的总间隙超过 20 mm。

③ 矩形钢罐道任一侧的磨损量超过原有厚度的 50%。

④ 钢丝绳罐道与滑套的总间隙超过 15 mm。

（3）钢丝绳罐道应优先选用密封式钢丝绳。每个提升容器（或平衡锤）设有 4 根罐道绳时，每根罐道绳的最小刚性系数不得小于 500 N/m,各罐道绳张紧力之差不得小于平均张紧力的 5%,内侧张紧力大,外侧张紧力小。一个提升容器(或平衡锤)设有两根罐道绳时,每根罐道绳的最小刚性系数不得小于 1 000 N/m,各罐道绳张紧力应相等。

对于单绳提升的两根主提升钢丝绳,必须采用同一捻向或不旋转钢丝绳。

第三节　提升容器及附属装置

一、提升容器

提升容器是直接转运煤炭、矸石、人员、材料和设备的工具,按照用途和结构不同分为箕斗、罐笼、矿车、斜井人车和吊桶五种。《煤矿安全规程》第三百九十三条规定:立井中升降人员应当使用罐笼。在井筒内作业或者因其他原因,需要使用普通箕斗或者救急罐升降人员时,必须制定安全措施。

(一) 罐笼的分类与组成

普通罐笼为多用途的提升容器,它既可以提升煤炭和矸石,也可以升降人员、运送材料和设备。罐笼主要用于副井提升,也可用于小型矿井的主井提升。

(1) 按提升钢丝绳的数量可分为单绳罐笼和多绳罐笼。单绳罐笼一般用于不超过 400 m 的矿井,多绳罐笼一般用于超过 350 m 的矿井。

(2) 按罐笼的层数可分为单层、双层和多层罐笼。

(3) 按罐笼的罐道形式可分为钢丝绳罐道罐笼和刚性罐道罐笼两种。

单绳罐笼和多绳罐笼的罐体,均由两个垂直的三节间侧盘体用横梁连接而成。罐体的结构形式主要有扁钢桁架式和框架式两种,其中后者使用比较广泛。罐体节点的连接主要有铆接、栓接和焊接三种。罐体的四角为切角形式，这样既有利于井筒罐体布置，制作又方便。罐笼顶部设有半圆弧形的淋水棚和可打开的罐盖以供运送长材料。罐笼两端装有帘式罐门。为了将矿车推进罐笼，罐笼底部铺设有轨道。在罐笼上装有罐耳及橡胶滚轮罐耳，以使罐笼沿装设在井筒内的罐道运行。普通罐笼结构如图 2-5 所示。

单绳普通罐笼主要由以下部分组成：

主体部分：包括骨架、罐盖、罐底、侧板和轨道等。

罐耳：用来提升容器沿着井筒中的罐道稳定运行，减小容器的摆动量。

连接装置：用以连接罐笼和提升钢丝绳。

阻车器：用来防止罐笼里的矿车在提放时跑出罐笼。

防坠器：用来防止断绳时罐笼坠下。

多绳罐笼与单绳罐笼稍有不同，多绳罐笼自重较大，罐笼中留有添加配重的空间，不设防坠器，可以连接多根钢丝绳并装设钢丝绳张力平衡装置。

（二）罐笼结构的要求

对于专为升降人员与物料的罐笼（包括有乘人间的箕斗），《煤矿安全规程》第三百九十四条对其结构做了以下规定：

（1）乘人层顶部应当设置可以打开的铁盖或铁门，两侧装设扶手。

（2）罐底必须满铺钢板，如果需要设孔，必须设置牢固可靠的门；两侧用钢板挡严，并不得有孔。

（3）进出口必须装设罐门或罐帘，高度不得小于 1.2 m。罐门或者罐帘下部边缘至罐底的距离不得超过 250 mm，罐帘横杆的间距不得大于 200 mm。罐门不得向外开门，门轴必须防脱。

（4）提升矿车的罐笼内必须装有阻车器。升降无轨胶轮车时，必须设置专用定车或者锁车装置。

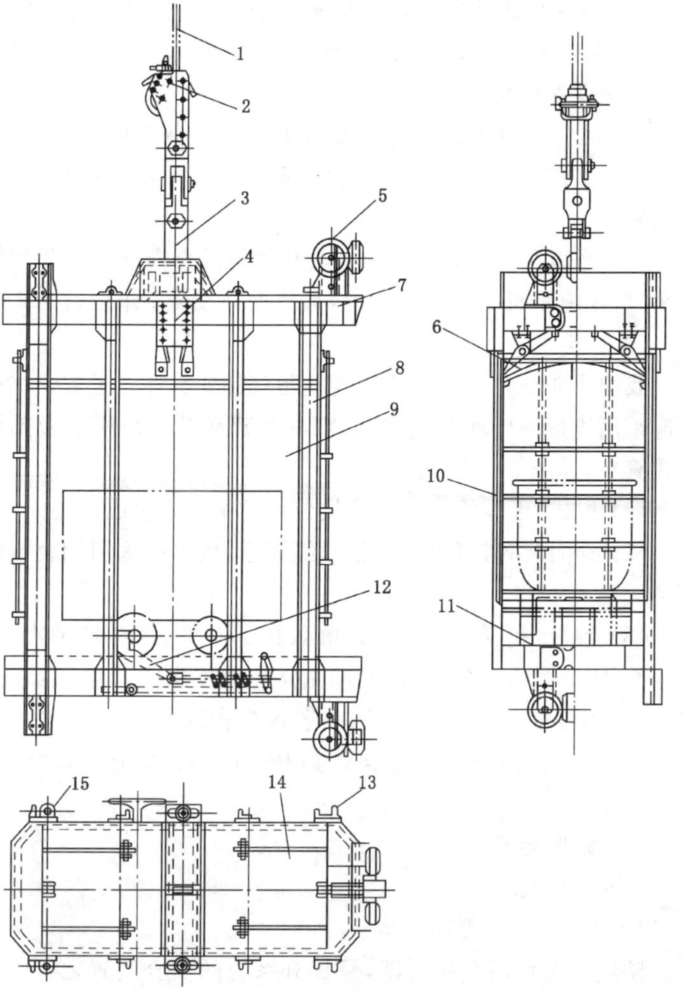

图 2-5　单绳 1 t 单层普通罐笼结构

1——提升钢丝绳；2——双面夹紧楔形绳环；3——主拉杆；4——防坠器；5——罐耳；6——淋水棚；7——横梁；8——立柱；9——钢板；10——罐门；11——轨道；12——阻车器；13——隐罐罐耳；14——罐盖；15——套管罐耳

(5) 单层罐笼和多层罐笼的最上层净高(带弹簧的主拉杆除外)不得小于 1.9 m,其他各层净高不得小于 1.8 m。带弹簧的主拉杆必须设保护套筒。

(6) 罐笼内每人占有的有效面积应当不小于 0.18 m^2。罐笼每层内 1 次能容纳的人数应明确规定。超过规定人数时,把钩工必须制止。

(7) 严禁在罐笼同一层内人员和物料混合提升。升降无轨胶轮车时,仅限司机一人留在车内,且按提升人员要求运行。

(三) 箕斗

我国煤矿立井广泛采用固定斗箱底卸式箕斗。过去一些矿井普遍采用扇形闸门底卸式箕斗,现在新建矿井多采用平板闸门底卸式箕斗,如图 2-6 所示。

(1) 组成:由斗箱、框架、连接装置及闸门等组成。

(2) 导向装置:可以采用钢丝绳罐道,也可以采用钢轨或组合罐道。

(3) 型号:我国使用的立井单绳箕斗为 JL 型或 JLY 型;多绳箕斗为 JDS 型、JDSY 型和 JDG 型,采用预先定量的装载方式。优点:其洒煤量可以大大降低,一般仅为提煤量的 1‰,最大不超过 3‰。定量装载方式还能保证提升工作的正常化,有利于实现提升自动化。

二、附属装置

(一) 防坠器

1. 防坠器的作用和结构

防坠器又称断绳保险器,是提升系统的安全装置之一。提升钢丝绳或连接装置断裂时,防坠器能迅速、自动、准确地使罐笼平稳地支撑在罐道(或制动绳)上,防止坠井造成严重事故。所以,为保证生产和人员安全,《煤矿安全规程》第三百九十三条规定:升降人员或升降人员和物料的单绳提升罐笼必须装设可靠的防坠器。

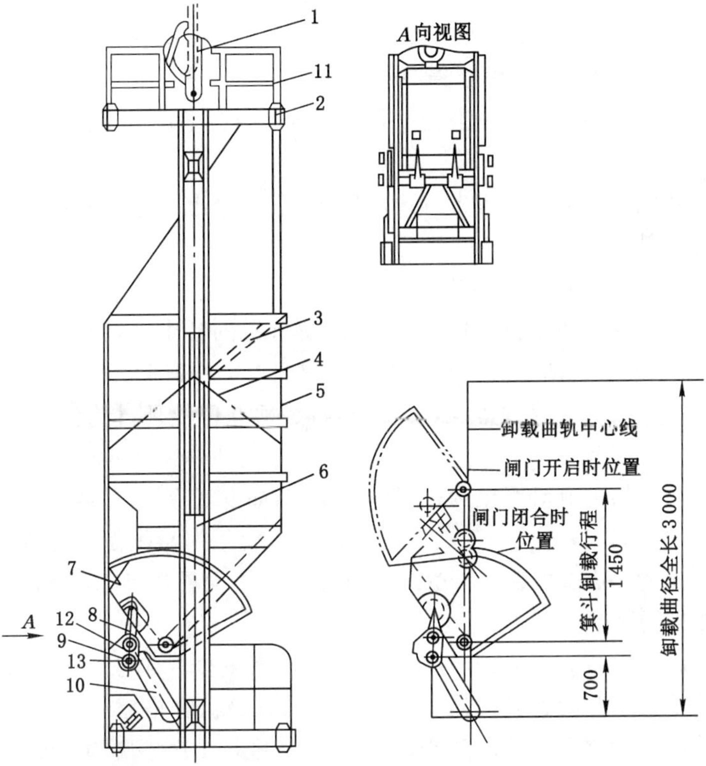

图 2-6　平板闸门底卸式箕斗

1——连接装置；2——罐耳；3——活动溜槽板；4——堆煤线；5——斗箱；6——框架；7——闸门；8——连杆；9,12——滚轮；10——曲轴；11——平台；13——机械闭锁装置防坠器主要由开动机构、传动机构、抓捕机构和缓冲机构 4 部分组成。但断绳发生时，开动机构动作，防坠器动作，通过传动机构、抓捕机构将下坠的罐笼悬挂在支撑物上。缓冲机构用以调节防坠器的制动力，吸收下坠罐笼的动能。开动机构和传动机构一般互相连接在一起，由断绳时自动开启的弹簧和杠杆系统组成。抓捕机构和缓冲机构一般是联合作用的。有的防坠器也设置单独的缓冲机构。

我国防坠器主要有木罐道防坠器、钢轨罐道防坠器和制动绳罐道防坠器三种。

2. 防坠器的维护和试验

为了保证防坠器动作的可靠性，防坠器的各个连接和传动部分，必须处于灵活状态。每天必须由专职人员检查 1 次，每月还必须组织有关人员检查 1 次，发现问题，必须立即处理，检查和处理结果都应留有记录。

防坠器的制动绳至少每周检查 1 次，如发现有断丝，要将断丝剪掉，并加以整修。当制动钢丝绳在一个捻距内断丝面积为钢丝总面积的 10％时，或者制动钢丝绳的直径减少量达到 10％时，必须立即更换。

新安装或大修后的防坠器，为了检验其安全性能是否良好，各项技术要求是否达到规定，必须进行脱钩试验，合格后方可使用。对使用中的立井罐笼防坠器，应每 6 个月进行 1 次不脱钩试验，每年进行 1 次脱钩试验。对使用中的斜井人车防坠器，应每班进行 1 次手动落闸试验，每月进行 1 次静止松绳落闸试验，每年进行 1 次重载全速脱钩试验。

（二）罐笼承接装置

为了便于矿车进出罐笼，必须使用罐笼承接装置。罐笼承接装置有罐座、摇台和支罐机三种形式。

1. 罐座

罐座利用可伸缩的托爪将罐笼托住，使矿车能平稳进出。当罐笼提升到井口车场位置时，操纵手柄使罐座伸出，罐笼落在罐座上后，进行装、卸载工作。继续提升时，要先将罐座上的罐笼稍微提起，罐座靠配重自动收回。罐座使司机的操作复杂且易过卷，容易发生蹲罐事故，钢丝绳易产生疲劳破坏，升降人员时，严禁使用罐座。

2. 摇台

摇台由能绕轴转动的两个钢臂组成，安装在通向罐笼进出口处。当罐笼停于装、卸载位置时，装有轨道的钢臂轴转动落下搭在罐笼底座上，将罐内的轨道与车场的轨道连接起来，矿车进入罐笼后，钢臂抬起。摇台适用于各类提升机和井口、井底及中间水平。不足之处是摇台的调节受钢臂长度的限制，因此对停罐的准确性要求较高。

3. 支罐机

支罐机由液压缸、支托装置组成，调节距离可达 1 000 mm。

支罐机的优点：能准确地使罐笼内轨道与车场固定轨道对接，方便矿车和人员进出；由于活动底盘是托在支罐机上的，矿车进出平稳，提升钢丝绳不承受进出矿车时产生的附加载荷，延长了钢丝绳的使用寿命，车场布置紧凑。

支罐机的缺点：罐笼有活动底盘，使罐笼的结构复杂，而且必须增设供支罐机用的液压动力装置。

（三）罐耳

罐耳安装在罐笼和箕斗的顶部和底部，对提升容器在井筒中的运行起到导向作用，使容器沿罐道平稳运行，减少容器的摆动量。

第四节　提升钢丝绳

提升钢丝绳是连接提升容器和提升机，传递动力的重要部件。它不仅直接关系到矿井的正常生产和人员的生命安全，而且由于钢丝绳需要经常更换，所以它又与提升设备的经济运转有关。因此对于提升钢丝绳必须予以足够的重视。

一、提升钢丝绳的结构与分类

（一）钢丝绳的结构

矿用提升钢丝绳都是丝→股→绳结构，即先由钢丝捻成绳股，再由绳股捻成绳。

结构：钢丝捻成绳股时，有股芯，股芯由不同截面形状的钢丝组成；在由股捻制成绳时要有绳芯，绳芯有金属绳芯和纤维绳芯，金属绳芯由钢丝制成，纤维绳芯由剑麻、黄麻等制成。提升钢丝绳的钢丝是由优质碳素结构圆钢条冷拔而成的，一般直径为 0.4～4 mm，直径过细的钢丝易磨损和腐蚀，过粗则难以保证理想的抗拉强度和疲劳性能。通常在立井提升时，选用抗拉强度为 1 550 MPa 或 1 700 MPa 的钢丝绳；斜井提升时，选用抗拉强度为 1 400 MPa 或 1 550 MPa 的钢丝绳。为了增加钢丝绳的抗腐蚀能力，钢丝表面可以镀锌，称为镀锌钢丝；未镀锌的称为光面钢丝。此外，根据钢丝的韧性，钢丝绳分为特号、Ⅰ号和Ⅱ号三种，提升矿物可用特号或Ⅰ号的钢丝绳；提升人员必须用特号钢丝绳。

中天合创公司主井提升系统首绳采用了进口钢丝绳，型号为 52 6×36WS-FC 1770 AB zS(sZ)型，每台提升机 6 根，左、右交互捻各 3 根，共 12 根。尾绳选用国产扁钢丝绳，型号为 206×33 PD CR 8×[4×19] 1470 A GB/T20119-2006 型，每台提升机 3 根，共 6 根。

(二) 提升钢丝绳分类

由于钢丝绳中股数、捻向、捻距以及绳股中钢丝绳数目、直径、断面形状和排列方式不同,提升钢丝绳有许多类型,其性能各不相同,适用条件也不一样。

1. 按股内各层钢丝间的接触情况分类

(1) 点接触钢丝绳:股内钢丝直径相同,但股中各层钢丝捻距不等,钢丝间呈点接触状态。这种钢丝绳造价较低,但钢丝间接触应力大,特别是钢丝绳在绕过滚筒和天轮时,钢丝有应力集中和二次弯曲现象,所以寿命较短。矿井常用的 6×19、6×37 普通圆钢丝绳是点接触钢丝绳。点接触钢丝绳的标记是 D。

(2) 线接触钢丝绳:股中各层钢丝以等捻距不等捻角捻制,各层钢丝直径不同,从而使各层钢丝互相平行而呈线接触状态。这种钢丝绳工作时应力降低,耐疲劳性能好,结构紧密,无二次弯曲现象,寿命较长。

(3) 面接触钢丝绳:它是将线接触钢丝绳股进行特殊碾压加工,使钢丝产生塑性变形而呈面接触状态,然后再捻制成绳的。面接触钢丝绳具有结构紧密、表面光滑、不易变形、钢丝间接触面积大、刚性强和耐磨损等优点。

2. 按股在绳中的捻向分类

(1) 左捻钢丝绳:按左螺旋方向将股捻成绳。"S"表示左捻向。

(2) 右捻钢丝绳:按右螺旋方向将股捻成绳。"Z"表示右捻向。

3. 按丝在股中和股在绳中捻向分类

(1) 同向捻钢丝绳:绳中股的捻向和股中丝的捻向相同。特点:比较柔软,易弯曲,弯曲应力小,表面光滑,与绳股接触面积大,磨损小,使用寿命长,断丝容易发现,提升机多选用同向捻绳。缺点:容易松动、旋转,承载后,本身的伸张率较大,易打结。因此它不允许在无导向装置情况下使用。

（2）交互捻钢丝绳：绳中股的捻向与股中丝的捻向相反。多用于钢丝绳罐道的竖井提升。

4. 按绳股的断面形状分类

（1）普通圆形股：绳股断面为圆形。易于制造、价格低，是矿井提升应用最多的一种钢丝绳。

（2）异形股：绳股断面形状为三角形或椭圆形。

① 三角形：三角股直径相同时，强度较高，承压面积大，外层钢丝磨损小，抗挤压性能好，稳定性较好，寿命较高；

② 椭圆形：具有较大的承压面积和较好的抗磨损性能，但绳的稳定性差，不适宜承受较大的挤压力。

5. 特种钢丝绳

（1）多层股不旋转钢丝绳：具有两层或三层绳股，主要用作尾绳和凿井提升钢丝绳。

（2）密封钢丝绳和半密封钢丝绳。密封钢丝绳是中心钢丝周围螺旋状缠绕着一层或多层圆钢丝。特点：金属断面系数最大，表面光滑，承压面积大，耐磨损，耐腐蚀，几乎不旋转；弹性伸长小。但绳的挠性差，接头困难，制造比较复杂，价格高。多用于罐道绳。

（3）工扁钢丝绳：断面为扁矩形，柔软、不旋转、运行平稳；但制造复杂，生产效率低，其价格高，常用作尾绳或凿井提升绳。

（三）钢丝绳类型的选用原则

选择钢丝绳类型时，要考虑安全技术、使用寿命、价格、使用和维护方便性以及供应充足与否等因素，主要有以下几个方面：

（1）为防止钢丝绳缠绕时松动，捻向的选择应与钢丝绳在滚筒上缠绕时的螺旋线方向一致。单层缠绕时选右捻钢丝绳。双滚筒多层缠绕时，固定滚筒（死滚筒）上的钢丝绳选左捻钢丝绳。竖井多绳摩擦提升，应采用规格相同左右捻各半数的钢丝绳。

(2) 缠绕式立井提升和斜井箕斗提升，宜选用同向捻钢丝绳。

(3) 凿井期间，立井采用吊桶升降人员时，为了使吊桶运行更加平稳，应采用不旋转提升钢丝绳。

(4) 在矿井淋水大、酸碱度高和作为出风井的井筒中，钢丝绳的使用寿命因锈蚀而缩短，此时应选用镀锌钢丝绳。

(5) 对于立井，以疲劳断丝为钢丝绳损坏的主要原因时，可选用线接触圆形股或三角形股钢丝绳。

(6) 对于斜井，选用西鲁型线接触钢丝绳或面接触钢丝绳。

二、钢丝绳的使用与维护

正确使用和维护钢丝绳，不仅关系到提升设备的安全，还可以延长钢丝绳的使用寿命，所以在使用和维护钢丝绳时，一定要遵守《煤矿安全规程》中的规定。

(一) 使用和保管提升钢丝绳时的规定

(1) 新绳应由检验单位进行验收，验收合格后妥善保管，防止损坏和锈蚀。

(2) 必须完整保存每卷钢丝绳的原始资料。

(3) 钢丝绳的保管超过 1 年，悬挂前必须再进行一次检验，合格后方能使用。

(二) 提升钢丝绳安全系数的规定

(1) 钢丝绳的安全系数：M＝钢丝绳拉断力的总和/钢丝绳的最大静拉力。

(2) 提升钢丝绳悬挂时安全系数如表 2-1 所示。

(3) 使用中的钢丝绳有下列情况之一时，必须更换：

① 专为升降人员用的安全系数小于 7。

② 升降人员和物料用的钢丝绳：升降人员时安全系数小于 7，升降物料时安全系数小于 6。

表 2-1　　　　提升钢丝绳悬挂安全系数

<table>
<tr><td colspan="2" rowspan="3">用途</td><td colspan="4">钢丝绳安全系数的最小值</td></tr>
<tr><td colspan="2">单绳缠绕式提升系统</td><td colspan="2">多绳摩擦式提升系统</td></tr>
<tr><td>新悬挂时</td><td>使用中</td><td>新悬挂时</td><td>使用中</td></tr>
<tr><td colspan="2">专用于升降人员</td><td rowspan="3">9</td><td rowspan="3">7</td><td rowspan="3">9.2－0.000 5H</td><td rowspan="3"></td></tr>
<tr><td rowspan="3">升降人员和物料</td><td>升降人员时</td></tr>
<tr><td>混合提升时</td></tr>
<tr><td>升降物料时</td><td>7.5</td><td>6</td><td>8.2－0.000 5H</td><td></td></tr>
<tr><td colspan="2">专用于升降物料</td><td>6.5</td><td>5</td><td>7.2－0.000 5H</td><td></td></tr>
</table>

注：H 为钢丝绳悬挂长度，m。

③ 专为升降物料和悬挂吊盘用的安全系数小于 5。

（三）滚筒上钢丝绳缠绕层数和绳头固定的规定

（1）各种提升装置的滚筒上缠绕的钢丝绳层数，必须符合下列要求：

① 立井中升降人员或者升降人员和物料的不超过 1 层，专为升降物料的不超过 2 层。

② 倾斜井巷中升降人员或者升降人员和物料的不超过 2 层，升降物料的不超过 3 层。

③ 建井期间升降人员和物料的不超过 2 层。

④ 现在生产矿井在用的绞车，如果在滚筒上装设过渡绳楔，滚筒强度满足要求且滚筒边缘高度符合有关规定，可增加一层。移动式或辅助性的专为升降物料的，以及凿井期间专为升降物料的准许多层缠绕。

（2）滚筒上绕 2 层或 2 层以上钢丝绳时，必须符合下列要求：

① 滚筒边缘高出最外一层钢丝绳高度，至少为钢丝绳直径的 2.5 倍。

② 滚筒上必须设有带绳槽的衬垫。

③ 钢丝绳由下层转到上层的临界段(相当于绳圈的 1/4 长的部分),必须经常检查,并应有每季度将钢丝绳移动 1/4 绳圈的位置。

对现在不带绳槽衬垫的在用绞车,只要在滚筒板上刻有绳槽或用 1 层钢丝绳作底绳,就可继续使用。

(3) 钢丝绳绳头固定在滚筒上时,应符合下列要求:

① 必须有特备的容绳或卡绳装置,严禁系在滚筒轴上。

② 绳孔不得有锐利的边缘,钢丝绳的弯曲不得形成锐角。

③ 滚筒上应经常缠留 3 圈绳,用以减轻固定处的张力,还必须留有做定期检验用的补充绳。

(4) 有接头钢丝绳的使用规定:

① 有接头的钢丝绳,只可用于平巷运输设备、30°以下倾斜井巷中专为升降物料的绞车及斜巷架空乘人装置。

② 在倾斜井巷中使用有接头钢丝绳,其插接长度不得小于钢丝绳直径的 1 倍。

(5) 钢丝绳的使用期限:

① 摩擦轮式提升钢丝绳的使用期限不超过 2 年。

② 平衡钢丝绳的使用期限不超过 4 年。

③ 如果钢丝绳的断丝、直径缩小和锈蚀程度不超过《煤矿安全规程》的规定,可继续使用,但不得超过 1 年。

(6) 钢丝绳的润滑:

① 主要提升装置必须备有检验合格的备用钢丝绳。

② 对使用中的钢丝绳,至少每月除油 1 次,以防止湿气和水分浸入绳内,补充绳芯油量,保护外层钢丝不受锈蚀,润滑绳股和钢丝以减小磨损。

③ 摩擦轮式提升装置的提升钢丝绳,只准涂、浸专用的钢丝绳油(增摩脂);但对不绕过摩擦轮部分的钢丝绳,必须涂防腐油。

三、钢丝绳的连接装置

（一）连接装置的作用

连接装置是提升容器的一个重要组成部分，它既要与钢丝绳安全可靠地连接，又要对钢丝绳本身不造成损伤。因此，立井提升容器与提升钢丝绳的连接，一般采用楔形连接装置。

楔形连接装置采用双面夹紧。楔形连接装置的特点：钢丝绳直接进入，能防止在最危险部分产生附加弯曲应力，减少了断丝现象，延长了钢丝绳的使用寿命；双面夹紧具有较大的楔紧安全系数，可防止钢丝绳因载荷的变化在楔面上产生滑动和磨损；自动调位结构能使钢丝绳夹紧，压力分布均匀，且长度较短，可减小容器的总高度，增加了过卷距离。

（二）连接装置的使用规定

立井和斜井使用的连接装置的性能指标和投用前的试验，必须符合下列要求：

（1）各类连接装置主要受力部件以破断强度为准的安全系数必须符合下列要求：

① 专为升降人员或升降人员和物料的提升容器的连接装置，不小于 13；

② 专为升物料的提升容器的连接装置，不小于 10；

③ 斜井人车的连接装置，不小于 13。

（2）各种连接装置主要受力件的冲击功，常温（15 ℃）下大于或等于 100 J；低温（－30 ℃）下大于或等于 70 J。

（3）楔形连接装置的累计使用期限：单绳提升不超过 10 年；多绳提升不超过 15 年。

（4）在每次更换钢丝绳时，必须对连接装置的主要受力部件进行探伤检验，合格后方可继续使用。

（5）开凿立井和倾斜井巷时，升降人员和物料的提升装置的连接装置，不得用作其他用途。

四、钢丝绳的检查与试验

1. 新钢丝绳悬挂前的检验和在用绳的定期检验

新绳悬挂前，必须对每根钢丝做拉断、弯曲和扭转试验，在用绳可只做每根钢丝的拉断和弯曲两种试验。

2. 提升钢丝绳的检验

提升钢丝绳、罐道绳必须每天检查 1 次；平衡钢丝绳、防坠器的制动绳（包括缓冲绳）和井筒悬吊钢丝绳必须每周至少检查 1 次。检查方法一般是人工目视加上辅助工具检查，如采用钢丝绳探伤仪进行探伤，用游标卡尺测量直径，用棉纱包住钢丝绳检查以便发现断丝等。

3. 提升钢丝绳的定期检验

(1) 升降人员或升降人员和物料用的钢丝绳，自悬挂时起每隔 6 个月检验 1 次，悬挂吊盘的钢丝绳，每隔 12 个月检验 1 次。

(2) 升降物料用的钢丝绳，自悬挂之日起 12 个月进行第 1 次检验，以后每隔 6 个月检验 1 次。

摩擦轮式绞车用的钢丝绳，平衡钢丝绳以及直径为 18 mm 及其以下的专门升降物料用的钢丝绳（立井提升用绳除外），不受此限制。

第三章　矿用提升机及其电气系统

第一节　提升机概述

矿井提升机是进行提升工作的主要工作设备，任务是传递动力、完成提升和下放的任务。

一、矿井提升机的组成

矿井提升机是矿井提升设备中的动力部分，主要由工作机构、制动系统、机械传动系统、润滑系统、监控系统、操作系统以及拖动与控制和安全保护系统组成。

二、矿井提升机的分类

根据工作原理的不同，矿井提升机可分为缠绕式提升机和摩擦式提升机。我国目前使用的矿井提升机主要有 KJ 型、JK 型和 JKM 型。JK 型提升机为单绳缠绕式提升机，滚筒直径为 2～5 m；JKM 型提升机为多绳摩擦式提升机。

三、多绳摩擦式提升机

单绳缠绕式提升机的提升高度受滚筒容绳量的限制，提升能力又受到单根钢丝绳强度的限制。当矿井产量大、井筒比较深时，一般采用多绳摩擦式提升机进行提升。

多绳摩擦式提升机，按布置方式分为井塔式和落地式两种。井塔式提升机是把整套提升机安置在井塔的最上层。其优点是结构紧凑；全部载荷垂直向下，井塔稳定性好；可以获得较大的围抱角,钢丝绳能得到有效保护。其缺点是:井塔造价高,抗震能力不如落地式,且施工周期长。

国产多绳摩擦式提升机主要有JKM型、JKMD型和JKD型等。

（一）多绳摩擦式提升机的组成

JKM型(JK表示矿井提升机,M表示摩擦落地式)多绳摩擦式提升机主要由主轴装置、制动系统、主电动机、减速器、导向轮、深度指示器、齿轮联轴器、测速发电机装置及操作台等组成。一般多绳摩擦式提升机都安装有导向轮。导向轮的作用是:调整摩擦轮两侧钢丝绳的间距;增大提升钢丝绳对摩擦轮的围抱角。导向轮主要由轮毂、轮辐和轮缘组成。轮缘绳槽中一般装有衬垫。导向轮的个数与钢丝绳根数相等并同装在一根轴上,其中之一用键固定在轴上,与轮一起转动;其余各轮则未与轴固定,而是活动地套装在轴上,可以与轴相对游动,这样,当摩擦轮绳槽磨损不均各绳的速度发生差异时,相对游动的导向轮可以适应这种变化。

（二）提升机的深度指示器

深度指示器是提升机司机的“眼睛”,也是提升机控制和保护中一个不可缺少的环节。它的主要作用是检测并指示容器的行程及位置,容器接近井口或车场时发出减速信号;当提升容器发生过卷时,装在深度指示器上的终点开关动作,切断安全保护回路,实现安全制动;在减速阶段,通过限速板、限速电阻和限速发电机配合对提升机进行过速保护。

深度指示器的类型很多,根据其动作原理可分为机械式、机械电子混合式和数字式。按其测量方法的不同可分为直接式和间接式。

我国单绳缠绕式提升机使用的深度指示器的主要类型有机械牌坊式深度指示器、自整角机圆盘式深度指示器,数字式深度指示器在新建矿井得到广泛的使用。

（三）操作台

提升机操作台是提升机操作工向提升机发出各种指令信号的传递装置，同时，各运行参数和工作状态也能反映到操作台上，以便操作工随时观察和掌握，确保提升机安全运行。

中天合创公司采用的西门子提升机通常配置两台台式 PC 作为人机界面 HMI，并省去了操作台上传统的深度指示仪和模拟指示表。西门子人机界面 HMI 采用西门子组态软件 WinCC Flexible 来开发，界面友好，信息准确完善，通常包括主画面，中压配电系统，低压配电系统，主回路，设备上电，变压器、电动机、轴承温度显示，电机通风冷却系统，液压制动系统，润滑系统，变频器冷却系统，装卸载/井筒信号系统，产量报表，实时和历史数据曲线，当前和历史报警信息等。两台台式 PC 互为备用，正常情况下一台用于固定显示主画面，另一台可以根据需要选择。WinCC Flexible 运行软件可内置 OPC 服务器，可以很容易地通过以太网将提升机集成到矿井综合信息系统中。这两台台式 PC 通过 Profibus 网卡和两个系统 PLC 通讯，通常可以在其中一台 PC 机上装上西门子的有关调试软件，用于故障处理和维护。在装上远程控制软件并有 Internet 连接时，还可以实现远程维护。

（四）操作台可以实现的功能

操作工在操作台上通过操作把手、开关和按钮等可以发出指令信号使提升机按指令信号准确运行。

（1）操作提升机正方向或反方向运行，使提升机实现快速制动或施加不等力矩的半自动运行。

（2）实现动力制动和对制动油压的调节。

（3）直接使高压开关柜的油断路器跳闸断电，并实施紧急制动。

（4）通过按钮开关启动和停止润滑油泵、制动油泵控制电源和动力制动电源。

(5) 当出现过卷或过放事故后可以短接被撞开的过卷接点以便能启动提升机，使提升容器回到过卷前的位置。

(6) 通过转换开关实现调绳、正力减速等工作状态的转换。

第二节　数控变频交流同步电动机拖动的提升机

矿井提升机使用的电力拖动装置有交流绕线型感应电动机、直流他励电动机和交流同步电动机三大类。

一、交流同步电动机拖动

交流同步电动机与直流他励电动机相比具有制造简单、造价低、电动机效率高、维修简单、噪声小等特点。交流同步电机采用晶闸管交-交变频供电，由计算机控制，可实现主井箕斗提升自动化和副井罐笼提升半自动化。

数控提升机的主控回路一般由 PLC、通讯模块、输入和输出模块、数据采集模块和继电器等组成。在全数字调节系统的控制下，主回路将主电源转换为适合于主电动机运行的电源。主回路可采取电枢电流换向、磁场换向。

全数字调节系统采用模块式结构，软件由操作系统、上位机编程软件及应用程序三部分组成，基本上实现了图形化、结构化，基本功能模块包括硬件配置、算术运算、输入和输出、通讯、故障诊断等主控 PLC 与安装在主轴上的编码器相配合，完成提升机行程和提升速度的控制。

二、西门子提升控制系统

西门子提升工艺控制系统的核心由两套 SMUKS7-400 系列 PLC 自动化系统组成，即系统 A 和系统 B，系统 A 实现提升机控制和安全监视功能，系统 B 实现安全监视功能，这样就组成了一套提升机控制和双通道冗余的安全监视系统。

系统 A 和系统 B 的硬件组成几乎是相同的，包括：1 个电源模块，1 个 S7PLC 的 CPU，一个功能模块 FM458 及其外设扩展模块 EXM438 和通讯模块。

(1) 1 个电源模块：为基架上的其他模块标供内部工作电源。

(2) 1 个 S7PLC 的 CPU：由于系统 A 承担主控任务，同时为了冗余安全，系统 A 选用比系统 B 性能更强的 CPU。系统 A 和系统 B 分别选用 CPU416-2DP 和 CPU414-2DP 或 CPU414-2DP 和 CPU412-2DP。系统 A 和系统 B 通过 CPU 上集成的 MPI 网络接口通讯，交换数据。系统 A 和系统 B 的 CPU 均带一个集成的 Profibus DP 接口，它们组成了一个网络，用于人机接口和调试诊断。一台或两台人机接口(HMI)台式 PC 机，以及用于调试和诊断的笔记本电脑均接在这个网络上。

系统 A 的 S7 CPU 实现除闭环控制外的提升机控制和安全监视功能，系统 B 的 S7 CPU 实现安全监视功能。

(3) 一个功能模块 FM458 及其外设扩展模块 EXM438：FM458 是一个高性能的工艺控制器，它采用 64 位 RISC CPU，具有强大的浮点运算能力。它采用固定的程序处理周期，最快为 0.1 ms，非常适合执行要求高动态响应的闭环控制任务。FM458 集成了一个 Profibus DP 通讯口，最高波特率为 12 Mbps，具有等时同步功能，用于和传动通讯。FM458 通过底板总线和 S7 CPU 通讯。EXM438 是 FM458 的扩展模块，用于连接外设 I/O 和编码器。提升机的同步开关和编码器均通过 EXM438 连接。

系统 A 的 FM458 实现提升机的闭环控制(包括编码器的位置速度解算)及闭环控制监视功能，系统 B 的 FM458 实现编码器的位置速度解算功能。

(4) 通讯模块：系统 A 和系统 B 均配有一个 CP443-5 Profibus DP 通讯模块，用于连接分布式 Profibus DP 从站，主要是 ET200M 分布式 I/O 站和其他 DP 从站装置。这些 DP 从站分布在提升机控制柜(WTC)、低压配电柜、变压器温度采集箱、操作台以及第三方设备中。通过 Profibus DP 现场总线技术,大大减少了信号布线,并且提高了可靠性。由于系统 A 是主控系统,而系统 B 仅实现冗余的监视任务,所以系统 A 具有较多的从站和 I/O 信号,只有重要的参与安全监视的信号才同时接入系统 B。根据项目要求,可能还会配置第二块 Profibus DP 通讯模块或以太网通讯模块。

1. 实际位置和速度检测

编码器系统采用 3 个双路输出的增量编码器来检测位置和速度,每个编码器的一路输出接入系统 A(EXM438),另一路则接入系统 B(EXM4380)。这样每个系统都接入了 3 个编码器。每个编码器均在 FM458 中被解算出箕斗 1 和箕斗 2 的位置和速度,即两个位置和两个速度。3 个编码器共产生 6 个位置和 6 个速度,它们被用于闭环控制和安全监视。

编码器 1 通常装在一个和滚筒内圆接触的橡胶轮上,有时也装在滚筒的一个输出轴上,这个编码器在滚筒转一转时产生较多的脉冲,在闭环控制中用作速度反馈,因此又被称为速度编码器。

编码器 2 装在滚筒的一个输出轴上,这个编码器在闭环控制中用作位置反馈,因此又被称为位置编码器。

编码器 3 通常装在天轮或导向轮的轴端,这个编码器用于检测绳子的运动,通过和位置编码器的位置和速度比较检测滑绳,因此又被称为监视编码器。

同步开关由于编码器是增量式的,并且装在滚筒或导向轮/天轮上,钢丝绳和这些转动部件之间会有相对滑动或蠕动,并且钢丝绳绳长也会有伸缩变化,这些都会影响箕斗的实际位置。为了检测箕斗的位置,就需要在井筒中安装同步开关,以获得箕斗的绝对位置。

同步开关采用磁感应开关,动作可靠准确。每个同步开关并行接入系统A和系统B(EXM438),箕斗每次经过同步开关时对应箕斗的位置均会被修正。

2. 位置控制器

位置控制器是一个比例控制器。设定点发生器输出的设定位置作为位置控制器的设定值输入,来自位置编码器(编码器2)所选箕斗的位置作为位置控制器的实际值输入,位置控制器的输出作为附加的速度设定值。位置控制器使实际位置精确跟随设定位置,实现了真正的位置闭环,使提升机实现精确停车。

3. 速度控制器

速度控制器是一个比例积分控制器。设定点发生器输出的设定速度作为主速度设定值,加上位置控制器输出的附加速度设定值,作为速度控制器的设定值输入,速度编码器(编码器1)的速度(用箕斗1的速度方向)作为速度控制器的实际值输入,速度控制器输出力矩设定值。设定速度控制器使实际速度跟随设定速度。

4. 力矩预控制

力矩预控制是在速度控制器PI(比例和积分)输出之后直接加上的力矩设定值,西门子提升机的力矩预控制由三部分相加组成:

(1) 载荷预置力矩:通常在主井提升机上应用。根据箕斗1或箕斗2的装载状态,产生相应载重所需的力矩,这个力矩通常按照额定装载重量设置,具有表示力矩方向的符号,当两个箕斗都空时,预置力矩为零。这个预置力矩使速度控制器能够立刻输出几乎可以抵消载荷的力矩设定值,在PI控制器的作用下迅速建立所需的力矩,使实际速度快速准确地跟随设定速度,有效减小或消除了没有预值力矩时的倒车现象,使提升机快速平稳地启动,从而提高了安全性和效率。

(2) 加速度预置力矩:提升机在匀速运行时,只需要克服载重差和摩擦力的力矩即可。在加速和减速时,需要比匀速段更大或更小的力矩，主要克服提升机械运转部位的系统转动惯量响应加速度所需要的力矩。加速度预置力矩就是提供用于加速或减速的这部分力矩，这个力矩与加速度成正比，也与提升机的机械转动惯量成正比，因此在软件中是用设定点发生器输出的设定加速度，乘以一个系数得出，这个系数代表转动惯量，可以通过记录运行曲线，得出匀速段和加速段的实际力矩差，再除以设定加速度，从而得到这个系数。加速度预置力矩减小了加减速时的速度跟随滞后，减小或消除了加减速段结束时的速度超调。

(3) 机械预置力矩：预置这个力矩是为了补偿两个箕斗的自重差和首尾绳的重量差，箕斗的自重差是一个常数，首尾绳的重量差用两个箕斗的位置差乘以一个系数而得出，这个系数可以用实验方法得到。由于通常首尾绳单位长度的重量差很接近，这部分预置力矩可以不使用(系数设为零即可)。

5. 电流控制器

电流控制器是在传动中实现的，FM458 和传动通过波特率为 12 Mbps 的 Profibus DP 网络通信，FM458 中由速度控制器输出的设定转矩(包含预置力矩)和控制字等数据通过网络传给传动，传动将实际值和状态字等数据传给 FM458，电流控制器使电动机输出的实际转矩跟随设定转矩。

6. 安全保护回路

西门子提升机采用三级安全保护回路，保护等级从高到低分别是安全回路(SAC)、电气停车回路(ESC)和闭锁回路(LOC)。系统 A 和系统 B 的 PLC 中都均有软件实现的三个安全保护回路，这三个回路的结果通过 PLC 输出点输出，每个输出点驱动一个继电器。系统 A 和系统 B 的这两套软回路实现了冗余保护。

系统 A 和系统 B 的每个回路包含的信号和逻辑是相同的，系统 A 某回路中若使用了系统 A 独有的信号，这个信号就通过通讯传到系统 B，并放到相同的回路中，系统 B 回路中独有的信号也做了同样处理，这样就做到了逻辑相等，因此正常情况下两个系统对应的回路是一致的。两个系统的三个回路被比较监视，若系统 A 和系统 B 不一致则触发安全回路。

第四章　矿井提升系统的安全保护

第一节　提升机的制动系统

制动装置是矿井提升机重要部件之一，它主要由制动器和传动机构组成，制动器是直接作用于制动轮或制动盘上产生制动力矩的部分，按结构分为盘式闸和块式闸。传动机构是用来控制和调节制动力矩的机构。

中天合创公司提升系统采用西门子高安全性和高可用性提升机液压制动系统 COBRA 01。提升机液压制动系统 COBRA 01 由带制动元件的闸座、液压动力单元和电气控制系统三部分组成。制动元件依靠弹簧力对闸盘夹紧产生的摩擦力制动，液压力可以克服弹簧力，使摩擦力减小或使制动元件完全松开。液压动力单元提供液压压力，在电气控制系统的控制下对压力进行控制，实现工作制动和恒减速安全制动。此外电气控制系统还对液压元件和液压动力单元进行监视。

液压制动系统如图 4-1 所示。

COBRA 01 液压动力单元具有以下特点：简单，节省，紧凑。两套独立系统组成一个单元，所有重要元件均做备份。冗余的安全制动，两台泵互为备用，备用泵一旦出现故障，可方便切换。液压动力单元和电气控制系统均采用 $n+1$ 通道设计，即 n 个通道同时工作，1 个通道备用，既提高了安全性，又提高了可用性。安

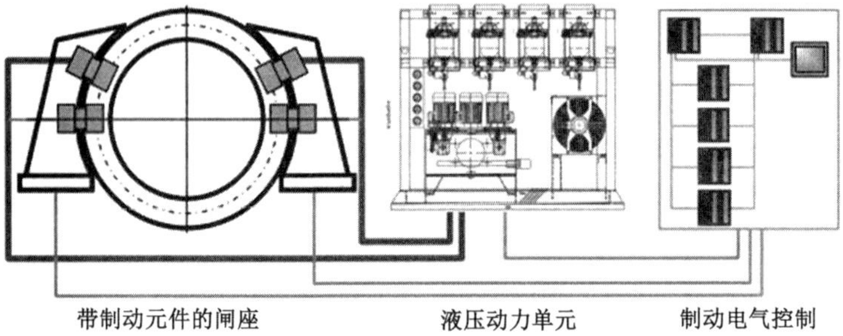

图 4-1　液压制动系统

全制动是由 n 个通道数字闭环控制实现的恒减速制动。

COBRA 01 的 $n+1$ 通道如图 4-2 所示。

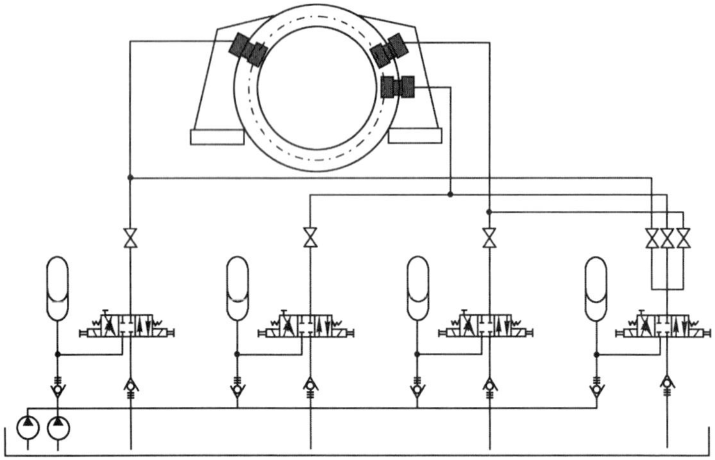

图 4-2　COBRA 01 的 $n+1$ 通道

COBRA 01 液压电气控制系统具有以下特点：采用多个西门子 S7-300 PLC CPU，并且使用 Profibus DP 现场总线组成一个系统。主控 PLC 采用双通道(两个 S7-300 CPU),所有的制动控制和监视均是通过不同的 PLC 实现的。和液压动力单元一样,具有 $n+1$ 通道,即每一个液压通道都有一个相配套的电气控制通道,每个通道使用一个 CPU 314C。故障安全型的设计使得西门子操作面板 OP 提供友好的显示信息和参数调整功能,使得系统易于维护。

一、制动系统的作用

提升机制动系统的作用:

(1) 正常停车:在停止工作时,能可靠地闸住提升机。

(2) 工作制动:在正常工作时,制动器可参与提升机的速度控制。

(3) 安全制动:当提升机工作制动不正常或发生紧急事故时,进行紧急制动,迅速而合乎要求地闸住提升机。

(4) 双滚筒提升机在调绳或更换水平时,能可靠地闸住活滚筒,松开死滚筒。

二、对制动系统的有关规定和安全要求

(1) 提升机必须装设操作工不离开座位即能操作的常用闸(即工作闸)和保险闸(即安全闸)。保险闸必须能自动产生制动作用。

常用闸和保险闸共同使用 1 套闸瓦制动时,操作和控制机构必须分开,双滚筒提升绞车的 2 套闸瓦的传动装置必须分开,对具有 2 套闸瓦只有 1 套传动装置的双滚筒绞车,应改为每个滚筒各自有其控制机构的弹簧闸。提升绞车除设有机械制动器外,还应设有电气制动装置。

(2) 保险闸必须采用配重式或弹簧式的制动装置,除可由司机操作外,还必须能自动抱闸,并同时自动切断提升装置电源。常用闸必须采用可调节的机械制动装置。

(3) 提升机除有制动装置外,还应加设定车装置,以便调整滚

筒位置或修理制动装置时使用。

(4) 保险闸或保险闸第一级由保护回路断电时起至闸瓦接触到闸轮上的空动时间:压缩空气驱动闸瓦式制动闸不得超过0.5 s,储能液压驱动闸瓦式制动闸不得超过0.6 s,盘式制动闸不得超过0.3 s。对斜井提升,为保证上提紧急制动不发生松绳而必须延时制动时,上提空动时间不受此限。盘式制动动闸的闸瓦与制动盘之间的间隙应不大于2 mm。保险闸施闸时,杠杆和闸瓦不得发生显著的弹性摆动。

(5) 提升绞车的常用闸和保险闸制动时,所产生的力矩与实际提升最大静荷力矩之比 K 值不得小于3,在调整双筒绞车滚筒旋转的相对位置时,制动装置在各滚筒闸轮上所发生的力矩,不得小于该滚筒所悬重量(钢丝绳重与提升容器重量之和)形成的旋转力矩的1.2倍。

(6) 在立井和倾角大于30°的倾斜井巷提升装置的保险闸发生作用时,全部机械的减速度必须符合下列规定:下放重载时,不得小于1.5 m/s^2,提升重载时不得大于5 m/s^2。在倾角小于15°的倾斜井巷下放重载时的制动减速度不得小于0.75 m/s^2,提升重载时的制动减速度不得大于自然减速度。

(7) 对摩擦轮式提升绞车常用闸和保险闸的制动,必须满足以下防滑要求:

① 各种载荷(满载或空载)和各种提升状态(上提或下放重物)下,保险闸所能产生的制动减速度的计算值不能超过滑动极限,钢丝绳与摩擦轮间摩擦系数的取值不得大于0.25,由钢丝绳自重所引起的不平衡重必须计入。

② 在各种载荷及提升状态下,保险闸发生作用时,钢丝绳都不出现滑动。

③ 严禁用常用闸进行紧急制动。

(8) 制动器的工作行程不得超过全行程的3/4,必须留有1/4

作为调整时备用。提升机司机操作台上制动把手的移动应当灵活，在抱闸位置时应有定位器来固定把手，防止把手从抱闸位置自动向前移动。

(9) 制动轮的椭圆度在使用前（新安装或大修后）不得超过 0.5～1 mm；使用中如超过 1.5 mm 时，应重新车削或更换。

三、盘闸制动系统

盘闸制动装置是 20 世纪 70 年代以来应用到矿井提升机上的一种新型制动器，与块闸制动装置比较，它结构紧凑，质量轻，动作灵敏，空行程不超过 0.3 s，安全可靠程度高，制动力矩可调性好，安装、使用和维护方便，便于矿井提升自动化。盘闸制动装置包括盘闸制动器和液压站两部分。

（一）盘闸制动器

盘闸制动器的制动力矩是靠闸瓦沿轴向从两侧压向制动盘产生的，为使制动盘不产生附加变形，主轴不承受轴向力，盘式制动器均成对使用，闸的副数可根据制动力的大小增减，数目可达 6 副或更多。根据使用条件及生产制造条件的不同，盘闸应用于提升机上有各种不同的结构形式，如单面闸、双面闸；单活塞、双活塞；液压缸前置、液压缸后置；油压有中低压油、高压油等。

（二）液压站

液压站是矿井提升机制动系统的驱动和调节压力的机构，其性能和质量的好坏是直接关系到设备与人身安全的重大问题。液压站的作用是为盘闸制动器提供压力油源，控制油路以实现制动器的各项制动功能。液压站的控制系统同整个提升机的拖动类型、自动化程度相配合，在直流拖动、自动化程度较高的系统中，由于系统的调速性能好，机械闸一般只在提升终了时起定车作用。对于交流拖动的提升系统，制动器要参与提升机速度的控制，所以制动力矩必须能在较宽的范围内调节，液压站必须提供可调节的油压。安全制动一般要求二级制动，调绳离合器也需要液压站液压油推动，双滚筒的两套制动器必须分别制动等，都要求液压站与之相适应。

随着提升机承载能力的提高，盘式制动器的正压力也要求相应加大，为了使油缸面积不致太大、个数不致太多，大型提升机液压站一般采用中、高压液压站，如 JK4X4 型提升机上的 TP2 型盘式制动器，工作油压为 11 MPa。还可以采用双速电动机或双联泵，提供不同的流量，松闸时大流量供油，以缩短松闸时间，松闸后改为小流量泵补油，这样，系统发热少，可减少能耗。

（三）工作制动及电液调压装置

工作制动的特点是根据矿井提升实际操作的需要，配合电气控制方式调节、控制制动力矩，以实现按规定的减速度停车。制动力矩的大小由不同的油压控制，油压的调节靠电液调压装置实现，电液调压装置由溢流阀及喷嘴挡板系统组成，它的主要作用为定压和调压。

第二节　提升系统的安全保护装置

为使提升设备安全运转，保证提升人员的安全及维持矿井正常生产，矿井提升设备必须装设具有灵敏可靠的安全保护装置。为了使矿井提升设备安全运转，维护矿井正常的生产秩序，保证提升人员的安全，《煤矿安全规程》第四百二十三条中规定，提升装置必须装设下列保险装置，并符合下列要求：

一、防止过卷装置

当提升容器超过正常终端停止位置或者出车平台 0.5 m 时，必须自动断电，且使制动器安全制动，否则将造成过卷事故。这就是当提升容器被提升到地面或井口正常停车位置时没有停车，而越过正常停车位置继续强行上提造成的事故，这类事故的严重后果是拉坏天轮，拉倒井架，拉断钢丝绳，造成提升容器坠落或跑车，撞坏井筒设施，甚至造成人员伤亡等重大恶性提升事故。对于双滚筒提升机提升时，一钩发生过卷，另一钩则发生过放，过放则造成蹲罐事故。有的井筒底部有水窝，水又没有及时排净，过放时造成罐笼浸入水窝也可能伤害人员，同时，罐笼或箕斗及井底设备也将受到损坏。因此，提升机必须装有防止过卷装置。

二、防止过速装置

提升机在运行时，当提升速度超过最大速度15%时，必须能自动断电，并使制动器安全制动。

在提升机提升过程中，超过正常速度，就容易造成提升事故。一方面超速后由于速度快，提升系统的动量就变大，其正常停车或事故停车时都变得更为困难，所需工作制动力矩和紧急制动力矩都要超过设计值，造成事故的可能性扩大。另一方面，超速后可能使提升机处于失控状态，事故就更容易发生，不但可能造成过卷和蹲罐、过放等事故，还易造成提升电动机、减速机等损坏。

三、过负荷和欠电压保护装置

提升电动机超过额定负载力矩运行就是过负荷运行，过负荷的主要原因是提升容器超载或提升容器卡阻，过负荷运行可使电动机电流超过额定电流，导致电动机和电气设备严重损坏，还使提升钢丝绳受力增大，安全系数降低，易造成事故，影响提升安全。在有微拖装置时，在进入拖动阶段还易造成拖动困难，甚至倒转，因此《煤矿安全规程》中规定，提升设备必须设过负荷保护装置。

提升机的电动机电源电压低于额定电压时，电动机所产生的转矩会有较大的下降，因为转矩是和电压的平方成正比的，由于电动机的转矩减小电动机的转速会下降，转差率就会上升，定子电流和转子电流也就随之上升，效率和功率因数都会降低，同时，电动机发热量增加，必然损坏电动机或电气设备，导致重大事故的发生，因此必须加装欠电压保护装置。

四、限速装置

当提升容器接近井口时，速度不得超过 2 m/s。在提升机提升的减速过程中，当经过减速点时，提升机断电，若有电气制动，则在设定减速行程下自动减速；若无，则司机可手动操作减速，如果自动减速失灵或减速太慢，将使提升容器到达井口终端停车位置时速度没有减下来，很容易发生过卷事故而冲坏井筒设施和提升容器，甚至造成人员伤亡等重大恶性事故。为防止此类事故的发生，提升机必须加装限速保护装置。

五、满仓保护装置

箕斗提升的井口煤仓应装设满仓保护装置，仓满时能报警并闭锁开车。

箕斗提升，井口卸载处有一个容积不大的储煤仓，由于种种原因煤仓很容易装满。满仓后若再继续卸煤，势必造成箕斗内的煤不能自流。这样，当箕斗下放时，由于卸载口有煤阻塞，而使箕斗卸载闸门不易缩回而将箕斗卡在卸载曲轨中，从而使提升机提升时，因箕斗卡阻而出现松绳。此时若煤仓放煤，煤往下降，箕斗就有可能解除卡阻而突然下降，松弛了的钢丝绳在巨大的冲击力作用下破断，箕斗坠井，砸坏井筒设施，造成重大恶性提升事故。因此，箕斗提升必须设置满仓保护装置。

六、松绳保护装置

当缠绕式提升机钢丝绳松弛时能自动报警或自动断电；延时后，安全回路动作，实现安全制动，对于缠绕式提升机，当由于提升容器卡阻等原因而使提升容器和提升机运行速度不一致时，会使提升钢丝绳松弛，松弛后常伴有钢丝绳的扭结，当钢丝绳松到一定程度时，若提升容器突然下落则钢丝绳在巨大的冲击作用下会破断，从而造成提升容器坠井的恶性事故。为避免此类事故的发生，必须装设松绳保护装置。

七、提升容器位置指示保护

当位置指示失效时,能自动断电,且使制动器实施安全制动。

八、闸瓦间隙保护装置

当闸瓦间隙超过规定值时,能报警并闭锁下次开车。

九、减速功能保护装置

当提升容器或者平衡锤到达设计减速点时,能示警并开始减速。

防止过卷装置、防止过速装置、限速装置和减速功能保护装置应设置为相互独立的双线形式。

第三节　提升信号的特点和要求

提升信号系统是矿井提升系统的重要组成部分,该系统工作性能的优劣直接影响到提升机的运行安全。提升信号是信号工(或把钩工)与提升机操作工(司机)之间直接联系的工具,提升机操作工是在提升信号的指示下进行操作的。为了保证提升设备安全运行,提升机司机必须熟悉有关提升信号的规定要求及工作原理,提升信号装置必须满足安全、准确清晰、动作迅速、工作可靠的要求。

一、提升信号系统的作用和组成

提升信号系统由电源变压器、开关、按钮、信号指示灯、电铃或电笛、继电器、线路及其他电器元件组成。一套完整的提升信号系统应当包括工作信号、事故信号、检修信号、各种安全保护信号以及通信系统。

(一) 工作信号

工作信号是正常的提升作业信号,应能区分出各种工作(作业)方式的开车信号及停车信号。

(二) 事故信号(急停信号)

事故信号是保证在出现事故或紧急状态时,发出信号可以使提升机立即实现安全制动。

（三）检修信号

检修信号是在进行检修井筒、挖罐窝或处理井筒故障等特殊作业时使用的信号，以保证这些特殊作业能够顺利进行。

（四）各种安全保护信号

该种信号种类比较多，其作用是保证提升系统在进行正常作业时，运行的各个环节能够准确有序、安全可靠地动作，如缠绕式提升机松绳信号、箕斗提升时煤仓煤位信号、箕斗及溜煤嘴位置检查指示信号、防撞警告信号、罐座指示信号、斜井双钩提升错码信号等。

二、对提升信号的基本要求和规定

（一）对提升信号设备的基本要求

（1）信号电源的额定供电压不得超过 127 V，设置独立的信号电源变压器及电源指示灯，信号装置的直接供电线路上严禁分接其他任何负荷。

（2）信号电缆：采用铠装或非铠装通信电缆、橡套电缆或 MVV 型塑力缆。

（3）井筒和巷道内的通信和信号电缆应与电力电缆分挂在井巷的两侧。如果受条件所限，在井筒内，应敷设在距电力电缆 0.3 m 以外的地方；在巷道内，应敷设在电力电缆上方 0.1 m 以上的地方。

（二）对提升信号的要求

（1）工作信号必须声光兼备，警告信号必须为音响信号，指示信号一般为灯光信号。

（2）每一提升装置，必须装有从井底信号工发给井口信号工和从井口信号工发给绞车司机的信号装置。井口信号装置必须与绞车的控制回路相闭锁，只有在井口信号工发出信号后，绞车才能启动。井底车场与井口之间、井口与绞车司机台之间，除有上述信号装置外，还必须装设直通电话。1套提升装置服务几个水平使用时，从各水平发出的信号必须有区别。

（3）井底车场的信号必须经井口信号转发，不得越过井口信号工直接向绞车司机发信号；但有下列情况之一时，不受此限：① 发送紧急停车信号；② 箕斗提升（不包括带乘人间的箕斗的人员提升）；③ 单容器提升；④ 井上下信号联锁的自动化提升系统。

（4）应设置井筒检修信号及检修指示灯。

（5）井口、井底及各水平，必须设置紧急停车信号。

（6）应设置各种闭锁保护的信号。

（7）缠绕式绞车必须设置松绳信号。

三、立井提升信号的特殊规定

（一）立井罐笼提升信号的特殊规定

罐笼提升信号除了应满足对提升信号的基本要求外，还必须满足下列要求：开车信号必须为转发式，并能详细区分作业内容。停车信号为直发瞬间式，各信号台的停车信号均能够直发至提升机房。开车信号应设为灯光保留信号。

《煤矿安全规程》第三百九十五条规定：

（1）立井使用罐笼提升时，井口、井底和中间运输巷的安全门必须与罐位和提升信号联锁：罐笼到位并发出停车信号安全门才能打开；安全门未关闭，只能发出调平和换层信号，但发不出开车信号；安全门关闭后才能发出开车信号；发出开车信号后，安全门不能打开。

（2）井口、井底和中间运输巷都应设置摇台或者锁罐装置，并与罐笼停止位置、阻车器和提升信号系统联锁：罐笼未到位，放不下摇台或者锁罐装置，打不开阻车器；摇台或者锁罐装置未抬起，阻车器未关闭，发不出开车信号。

（3）立井井口和井底使用罐座时，必须设置闭锁装置，罐座未打开，发不出开车信号。升降人员时，严禁使用罐座。

《煤矿安全规程》第四百零五条规定：用多层罐笼升降人员或者物料时，井上、下各层出车平台都必须设有信号工，各信号工发送信号时，必须遵守下列规定：

(1) 井下各水平的总信号工收齐该水平各层信号工的信号后，方可向井口总信号工发出信号；

(2) 进口总信号工收齐井口各层信号工信号并接到井下水平总信号工信号后，才可向绞车司机发出信号；

(3) 信号系统必须设有保证按上述顺序发出信号的闭锁装置。

当多层罐笼的下层装矿车、上层乘人时，信号工必须发提升人员的信号，绞车司机也必须按提升人员的速度操作绞车。严禁在同一层罐笼内人员和物料混合提升。

(二) 立井箕斗提升信号的特殊规定

箕斗提升信号除应满足对提升信号的基本要求外，还应满足下列要求：

(1) 开车及停车信号可以用一套信号设备并且为直发瞬动式。

(2) 井口卸载煤仓及井底装载煤仓，都必须设置煤位信号。

(3) 应设置溜煤嘴正常位置指示和防撞报警信号。

(4) 应设停车及装载和卸载指示信号。

(5) 井口煤仓的仓满信号必须与提升机的控制系统闭锁。

(6) 为了防止卡箕斗事故和箕斗坠落事故的发生，箕斗提升必须同地面煤炭运输系统的井口煤仓及其给煤机密切配合。在绞车司机操纵台上设置井口煤机运转指示灯，或安设直通电话，必要时还可以设置给煤机的停止按钮(但不能启动给煤机)。

(7) 箕斗提升大多采用自动装、卸载，因此开车、停车信号的发送方式，一般应具备既能手动发送又能自动发送的功能。

第四节　提升速度和加速度

一、最大提升速度和加速度

提升机司机对提升机运行的最大速度和加速度的控制，首先要满足安全的要求。《煤矿安全规程》中对提升机运行的最大提升速度和加速度做了明确的规定。

（一）立井最大提升速度、加速度的要求

（1）立井中用罐笼升降人员时的最大速度，不得超过12 m/s。

（2）立井中使用罐笼升降人员时的加速度和减速度，都不得超过 0.75 m/s^2。

（二）提升速度的其他要求

（1）提升容器接近井口时的速度，不得大于 2 m/s。

（2）罐笼运送硝化甘油类炸药或电雷管时，升降速度不得超过 2 m/s；运送其他类爆炸材料时，不得超过 4 m/s。

（3）采用吊桶升降各类爆炸材料，升降速度都不得超过 1 m/s。

（4）检修人员站在罐笼或箕斗顶上工作时，提升容器的速度一般为 0.3～0.5 m/s，最大不得超过 2 m/s。

二、提升系统速度图

提升系统运转时，提升容器做周期性、有规律的上下往返运动，提升速度及提升距离随着时间的变化而变化。这种变化的关系可以用坐标的方法表示出来。用纵坐标表示速度（v），用横坐标表示时间（t）的坐标图，叫作提升系统速度图。提升速度图表示了提升速度随时间变化的规律。

（一）立井罐笼提升速度图

立井罐笼提升速度图包括以下几个阶段：① 加速阶段；② 等

速阶段；③ 减速阶段；④ 爬行阶段；⑤ 停车阶段（五阶段速度图如图 4-3 所示）。

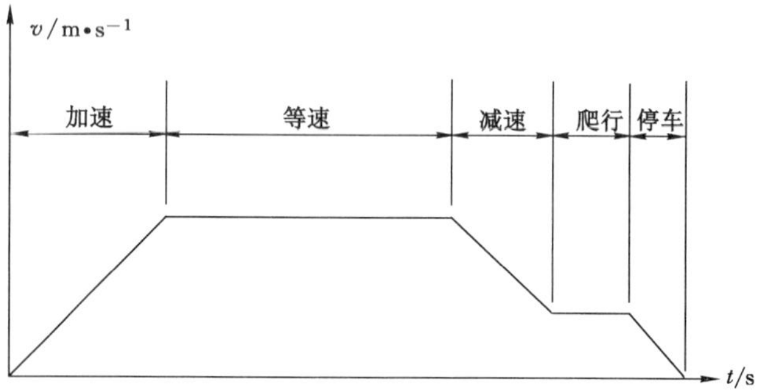

图 4-3 立井罐笼提升速度

（二）立井箕斗提升速度图

立井箕斗提升速度图包括以下几个阶段：① 初加速阶段；② 主加速阶段；③ 等速阶段；④ 减速阶段；⑤ 爬行阶段；⑥ 停车阶段（六阶段速度图如图 4-4 所示）。

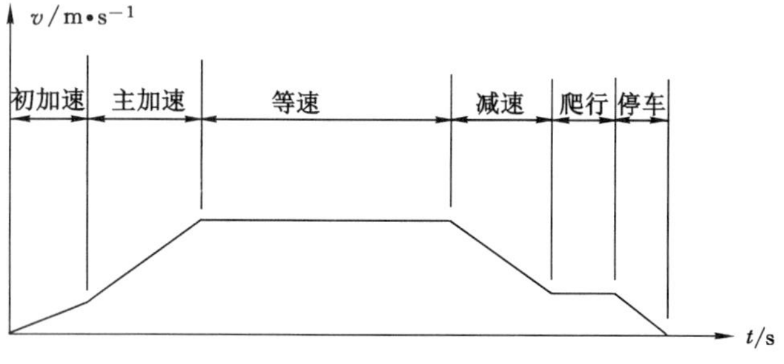

图 4-4 立井箕斗提升速度图

第五章　矿井提升设备的维护检修

第一节　矿井提升机的维护与检修

为保证矿井提升机设备做到持续、安全运转，必须搞好设备的预防性计划维护和检修，及时发现和消除事故隐患。预防性计划维修是针对提升设备的特点而制定的以预防为主的检查、维护和修理制度，包括各类检修的周期、内容、质量标准等。主提升机操作工在搞好设备的日常维护和保养以外，还应参与矿井提升机的计划性维护和检修工作。

一、矿井提升机机械部分的检修内容

具体如表 5-1～表 5-4 所示。

表 5-1　　主井机械检修内容及标准

序号	检修部位	检修内容及标准
1	箕斗本体	(1) 紧固各连接螺栓； (2) 检查箕斗内导流板螺栓是否完好，焊接部位有无开焊现象，检查导流板磨损情况； (3) 调节滚轮罐耳； (4) 检查箕斗四角罐耳与四角罐道间隙

续表 5-1

序号	检修部位	检修内容及标准
2	滚筒及制动单元	(1) 检查闸间隙,将所有闸间隙调至 1.4～1.8 mm; (2) 检查制动单元摩擦衬垫磨损情况; (3) 检查滚筒绳槽,测量绳槽深度; (4) 抽查滚筒各紧固螺栓力矩; (5) 主轴承进行注油
3	导向轮	(1) 检查各紧固螺栓; (2) 检查导向轮绳槽磨损情况,测量绳槽深度; (3) 导向轮轴承进行注油
4	首、尾绳钢丝绳	(1) 检查钢丝绳断丝; (2) 检查钢丝绳连接装置螺栓紧固情况
5	装、卸载给煤机	(1) 清洗滚筒、托辊轴承,更换轴承润滑脂; (2) 检查甲带,对过长甲带进行截取,更换磨损穿条
6	装、卸载液压站	(1) 清洗液压站各阀组; (2) 各液压管路进行检查,更换密封件
7	装载胶带机	(1) 驱动、改向滚筒进行注油; (2) 检查缓冲床各连接螺栓
8	定量及溜煤装置	(1) 检查各紧固螺栓; (2) 检查定量斗及溜煤装置内耐磨板; (3) 检查反板油缸内部磨损情况,并进行润滑
9	井筒装备	(1) 检查各紧固螺栓; (2) 检查罐道磨损情况; (3) 检查罐道与导向轮间距是否超过 5 mm

表 5-2　　副井机械检修内容及标准

序号	检修部位	检修内容及标准
1	罐笼、平衡锤及安全门	(1) 紧固各连接螺栓； (2) 调节滚轮罐耳； (3) 检查箕斗四角罐耳与四角罐道间隙； (4) 更换安全门钢丝绳
2	滚筒及制动单元	(1) 检查闸间隙，将所有闸间隙调至 1.4～1.8 mm； (2) 检查制动单元摩擦衬垫磨损情况； (3) 检查滚筒绳槽，测量绳槽深度； (4) 抽查滚筒各紧固螺栓力矩； (5) 主轴承进行注油
3	导向轮	(1) 检查各紧固螺栓； (2) 检查导向轮绳槽磨损情况，测量绳槽深度； (3) 导向轮轴承进行注油
4	首、尾绳钢丝绳	(1) 检查钢丝绳断丝； (2) 检查钢丝绳连接装置螺栓紧固情况
5	井上摇台	(1) 检查各紧固螺栓； (2) 检查各销轴磨损情况
6	井上摇台液压站	(1) 清洗液压站各阀组； (2) 各液压管路进行检查，更换密封件； (3) 检查油路沿线泄漏情况
7	井筒装备	(1) 检查各紧固螺栓； (2) 检查罐道磨损情况； (3) 检查罐道与导向轮间距是否超过 5 mm
8	井下摇台	(1) 检查各紧固螺栓； (2) 检查各销轴磨损情况
9	井下摇台液压站	(1) 清洗液压站各阀组； (2) 各液压管路进行检查，更换密封件； (3) 检查油路沿线泄漏情况

表 5-3　滚筒、主轴装置、导向轮检修内容及标准

序号	检修部位	检修内容及标准
1	滚筒	(1) 外观清洁完好，内部无杂物； (2) 螺栓齐全完好，无缺失； (3) 制动盘无形变，表面无划伤； (4) 运行过程中无异响
2	主轴装置	(1) 主轴表面清洁，无锈蚀； (2) 轴承座表面清洁，出轴端密封良好； (3) 轴承座地脚螺栓标记无位移； (4) 轴承运行无异响，温度不超限
3	制动闸及闸架	(1) 制动闸表面清洁完好，无渗漏； (2) 制动闸附属油管无渗漏，固定牢固； (3) 制动闸动作灵敏，动作过程无异响、振动； (4) 闸间隙在 1.5～2.0 mm 之间； (5) 抱闸过程闸架无明显摆动； (6) 闸架固定螺栓标记无变化，无位移
4	制动液压站	(1) 泵和电动机运行平稳无异响及振动； (2) 泵设置压力正常，运行过程中压力表、温度表指示正常； (3) 运行过程中阀动作指示灯显示正常； (4) 油箱油位正常； (5) 管路、阀组表面无渗油，清洁完好
5	导向轮	(1) 导向轮表面清洁完好无明显机械损伤，无锈蚀； (2) 导向轮辐无明显偏摆； (3) 轴承座表面清洁，出轴端密封良好； (4) 滚动轴承及滑动轴套运行无异响，温度不超限，振动传感器检测无异常

表 5-4　　箕斗及首绳悬挂装置检修内容及标准

序号	检修设备	检修内容及标准
1	箕斗箱体	(1) 箕斗表面无煤块堆积,无明显形变和机械损伤; (2) 连接螺栓齐全无缺失; (3) 淋雨棚完好,无形变损伤
2	导向装置	(1) 滚轮罐耳与箕斗本体固定牢固; (2) 滚轮罐耳机架轮毂无形变,旋转正常,缓冲器无旷动,与罐道间距适当,运行平稳无明显冲击; (3) 滑动罐耳与角罐耳摩擦块磨损未超限,与罐道间距适当,运行平稳无明显冲击
3	扇形闸门及导流板	(1) 闸门完好,无明显形变;闸门连接销轴旋转正常,运行过程与箕斗无卡阻。 (2) 导流板固定牢固,磨损正常未超限
4	首绳悬挂装置	(1) 悬挂装置外观完好,螺栓销轴齐全完好; (2) 平衡油缸、管路、阀门无渗漏; (3) 平衡油缸伸出量适当,在 1/3～2/3 之间; (4) 副绳固定绳卡位置适当,无滑动

二、主副井电气部分的检修内容及标准

具体如表 5-5 和表 5-6 所示。

表 5-5　　主井电气检修内容及标准

序号	检修设备	检修内容及标准
1	控制柜	(1) 对柜体内各电气元器件及模块进行除尘,并保持柜体内部无积尘、无杂物; (2) 检查各模块、指示灯、继电器显示是否正常; (3) 紧固柜体内接线端子,保证无松动、无滑丝现象

续表 5-5

序号	检修设备	检修内容及标准
2	主变频器	(1) 对 A01～A10 变频器各柜体内进行除尘,并保持柜体内部无积尘、无杂物; (2) 检查各柜体内水冷管路有无渗水、漏水迹象; (3) 对励磁单元 DCS800 及控制板进行除尘,并保持柜体内部无积尘、无杂物; (4) 检查各模块、指示灯、继电器显示是否正常; (5) 紧固柜体内接线端子,保证无松动、无滑丝现象
3	主电动机风机	(1) 紧固主电动机风机接线端子,保证腔体内无杂物、无灰尘; (2) 更换主风机过滤袋,无破损、无明显漏风; (3) 检查风机风道无漏风、无开裂现象
4	轴承振动监视箱	(1) 对柜体内各电气元器件及模块进行除尘,并保持柜体内部无积尘、无杂物; (2) 检查各模块、指示灯、继电器显示是否正常; (3) 紧固柜体内接线端子,保证无松动、无滑丝现象
5	高压开关柜	(1) 对柜体内各电气元器件及模块进行除尘,并保持柜体内部无积尘、无杂物; (2) 检查各模块、指示灯、继电器显示是否正常; (3) 紧固柜体内接线端子,保证无松动、无滑丝现象; (4) 检查高压电缆接线端子是否有松动,电缆接线头有无变色、有无异味
6	低压开关柜	(1) 对柜体内各断路器进行除尘,并保持柜体内部无积尘、无杂物; (2) 检查各仪表、指示灯、继电器显示是否正常; (3) 紧固柜体内接线端子,保证无松动、无滑丝现象

续表 5-5

序号	检修设备	检修内容及标准
7	变压器	(1) 检查变压器高压电缆接线端子是否有松动，电缆接线头有无变色、有无异味； (2) 清理各绕组上灰尘，保持绕组上无明显积尘及杂物
8	外水冷柜	(1) 对柜体内各电气元器件及模块进行除尘，并保持柜体内部无积尘、无杂物； (2) 检查各断路器、指示灯、继电器显示是否正常； (3) 紧固柜体内接线端子，保证无松动、无滑丝现象； (4) 清理散热片灰尘，并保持无灰尘、杂物堆积； (5) 检查箱体内有无冷却液渗漏现象
9	井筒开关箱	(1) 柜体内无明显积尘、无杂物； (2) 紧固柜体内接线端子，保证无松动、无滑丝现象
10	井上信号操作台	(1) 对柜体内各电气元器件及模块进行除尘，并保持柜体内部无积尘、无杂物； (2) 检查各显示器、指示灯、继电器显示是否正常； (3) 紧固柜体内接线端子，保证无松动、无滑丝现象

表 5-6　　副井电气检修内容及标准

序号	检修设备	检修内容及标准
1	控制柜	(1) 对柜体内各电气元器件及模块进行除尘，并保持柜体内部无积尘、无杂物； (2) 检查各模块、指示灯、继电器显示是否正常； (3) 紧固柜体内接线端子，保证无松动、无滑丝现象

续表 5-6

序号	检修设备	检修内容及标准
2	主变频器	(1) 对变频器各柜体内进行除尘,并保持柜体内部无积尘、无杂物; (2) 清理顶部风机灰尘、并检查风机运行情况; (3) 对励磁单元及控制板进行除尘,并保持柜体内部无积尘、无杂物; (4) 检查各模块、指示灯、继电器显示是否正常; (5) 紧固柜体内接线端子,保证无松动、无滑丝现象
3	主电动机风机	(1) 紧固主电动机风机接线端子,保证腔体内无杂物、无灰尘; (2) 更换主风机过滤网,无破损、无明显漏风; (3) 检查风机风道无漏风、无开裂现象
4	高压开关柜	(1) 对柜体内各电气元器件及模块进行除尘,并保持柜体内部无积尘、无杂物; (2) 检查各模块、指示灯、继电器显示是否正常; (3) 紧固柜体内接线端子,保证无松动、无滑丝现象; (4) 检查高压电缆接线端子是否有松动,电缆接线头有无变色、有无异味
5	低压开关柜	(1) 对柜体内各断路器进行除尘,并保持柜体内部无积尘、无杂物; (2) 检查各仪表、指示灯、继电器显示是否正常; (3) 紧固柜体内接线端子,保证无松动、无滑丝现象
6	变压器	(1) 检查变压器高压电缆接线端子是否有松动,电缆接线头有无变色、有无异味; (2) 清理各绕组上灰尘,保持绕组上无明显积尘及杂物
7	井筒开关箱	(1) 柜体内无明显积尘、无杂物; (2) 紧固柜体内接线端子,保证无松动、无滑丝现象

续表 5-6

序号	检修设备	检修内容及标准
8	井上信号操作台	(1) 对柜体内各电气元器件及模块进行除尘，并保持柜体内部无积尘、无杂物； (2) 检查各显示器、指示灯、继电器显示是否正常； (3) 紧固柜体内接线端子，保证无松动、无滑丝现象

第二节　矿井提升事故的原因及预防

一、立井提升事故的原因及预防

（一）松绳事故的原因及预防

当上井口箕斗在卸载位置因满仓、冰冻、溜煤嘴闸板不能关闭而被卡住时，或提升容器向下运行时因防坠器误动作、罐内矿车溜出、刚性罐道的间距变小而被卡住时，如果松绳保护失效，提升机司机马虎大意，不能注意到提升电流增大而继续开车，下放的容器因不能向下运行而造成该钩容器的提升钢丝绳松弛，即发生松绳事故。松绳事故发生后，提升钢丝绳容易被拉断，且提升钢丝绳因弯曲、扭转而报废或缠住另一钩容器，从而会引发更大的提升事故。

1. 案例

1992 年 5 月 6 日，某矿主井的北钩箕斗在卸载位置因溜煤嘴闸板没能收回而被卡住。提升机启动后，北钩箕斗即发生松绳事故。此时松绳保护失效，没能报警和断电。提升机司机发现提升电流比正常值大，判断是水煤较多，继续运行提升机。突然，北钩箕斗因上煤仓给煤机卸煤产生振动而突然坠落，造成北钩提升钢丝绳断绳箕斗坠落井底的严重事故。事故致使主井停运 48 h。

2. 事故原因

(1) 维修工检修不到位,使北钩箕斗溜煤嘴闸板不能正常收回,从而造成卡住箕斗事故。

(2) 提升机松绳保护装置维护检修不到位,事故当天松绳保护失效。同时,该矿没有遵守每天至少手试松绳保护装置1次的规定。

(3) 该主井提升系统没有采用定重装置,而是采用了定容装置,致使提升机司机误以为水煤多而继续运行。

(4) 提升机司机发现运行电流比正常值大,没有及时停机,属于违章操作。

(5) 该矿提升的原煤很多时候有水煤,这也是使提升机司机产生错误判断的因素之一。

(6) 管理方面存在很大漏洞。对设备的管理上,松绳保护失效,没有采用定重装置;对人员的管理上,提升机司机违章操作,机电设备维护检修不到位。

3. 预防措施

为防止松绳事故的发生,主要应从以下几个方面加强管理:

(1) 根据《煤矿安全规程》第四百二十三条的规定,缠绕式提升机应当设置松绳保护装置并接入安全回路和报警回路。箕斗提升时,松绳保护装置动作后,严禁受煤仓放煤。此外,为确保松绳保护装置的正常使用,必须至少每天检查并试验1次。

(2) 箕斗提升时,必须加强对满仓保护的检查和试验,确保满仓保护可靠、有效。

(3) 箕斗提升时,必须加强对箕斗溜煤嘴闸板和卸载曲轨的维护检修并保证溜煤嘴闸板开闭灵活和箕斗在卸载曲轨上正常运行。

(4) 加强对刚性罐道的检查维护,发现罐道之间的距离变小后应立即处理,严禁在不具备安全提升条件的情况下进行提升作业。

(5) 缠绕式提升机发生松绳事故后，运行电流一定会增大。因此要求提升机司机和监护司机，在提升机运行时，必须时刻注意运行电流的变化情况。一旦电流增大，必须立即停车检查。

(6) 加强对提升机司机和维修人员的安全教育和安全管理工作，杜绝违章作业。

(二) 断绳事故的原因及预防

断绳事故，一般发生在钢丝绳强度不足、超载提升、松绳冲击、过卷事故及钢丝绳在运行中遭受到卡罐或突然停车等情况下。

1. 案例

1979 年 11 月 27 日，某矿主井提升系统(提升机为 HKM32×5×2.3 型)的南钩箕斗因满仓被卡在上井口卸载位置，之后提升机松南钩提北钩时，发生松绳事故。运行中提升电流明显增大，提升速度变慢，松绳保护装置铃声报警，但提升机司机因精神不集中，没有发现而继续开车，直到提升机因过载出现较大响声，才停车检查。但此时南钩箕斗松绳已达到 187 m，上煤仓因煤位下降引起振动，南钩箕斗突然下落，造成了断绳坠箕斗事故。事故致使该矿主提系统停运 120 h。

2. 事故原因

(1) 对满仓保护装置的维护保修不到位致使满仓保护失效，满仓后箕斗在卸载位置被卡住。

(2) 提升机司机操作时精神不集中，没有注意到运行电流的变化和松绳报警而继续开车，属于违章作业。

(3) 对提升设备的安全管理有漏洞，松绳保护只有报警而没有接入安全回路，致使松绳后提升机仍能继续运行。

(4) 对提升机司机和维修人员的安全教育和安全管理不到位。

3. 预防措施

为防止断绳事故的发生，主要应从以下几个方面加强管理：

(1) 提升钢丝绳的使用和保管必须符合《煤矿安全规程》第四百一十条的规定：钢丝绳到货后，应当进行性能检验。合格后应当妥善保管备用，防止损坏或者锈蚀。每根钢丝绳的出厂合格证、验收检验报告等性能原始资料应当保存完整。存放时间超过 1 年的钢丝绳，在悬挂前必须再进行性能检验，合格后方可使用。

(2) 缠绕式提升机的提升钢丝绳应使用符合条件的设备和方法进行定期检验；摩擦式提升机的提升钢丝绳和平衡钢丝绳应不超过《煤矿安全规程》规定的使用期限。

(3) 新钢丝绳及在用钢丝绳的安全系数、断丝数和直径减小量必须符合《煤矿安全规程》的相关规定。

(4) 提升钢丝绳必须每天检查 1 次，并至少每月涂油 1 次；平衡钢丝绳必须至少每周检查 1 次。

(5) 必须严格执行《煤矿安全规程》第三百九十三条的规定：罐笼和箕斗的最大提升载荷和最大提升载荷差应当在井口公布，严禁超载和超最大载荷差运行。箕斗提升必须采用定重装载。

(6) 必须严格执行《煤矿安全规程》第三百九十三条的规定：升降人员或者升降人员和物料的单绳提升罐笼必须装设可靠的防坠器。

(7) 每天必须由专职人员对防坠器检查 1 次，每月必须组织有关人员对防坠器检查 1 次。

(8) 加强对满仓保护、松绳保护、限速保护和过卷保护的检查维护，确保上述保护正常使用动作可靠，避免由于松绳事故和过卷事故引发断绳事故。

(9) 提升机司机必须按章操作，随时注意运行电流的指示变化情况，发现异常立即停车，同时，监护司机要加强责任心，确实起到监护作用。

(10) 提升机司机应熟练操作,避免因突然加速、紧急停车而使提升钢丝绳受到冲击负荷的作用。

(11) 信号把钩工必须工作负责,装完矿车并确认罐内阻车器关闭后,方可发出开车信号。

(三) 过卷、蹲罐事故的原因及预防

正常情况下,提升容器到达终端停止位置时应及时停车。如果容器继续上提(另一钩下放),上提的容器就会超过上井口而发生过卷事故,同时下放的容器就会发生过放(超过过放距离即为蹲罐)事故。发生过卷事故的主要原因有:提升机司机操作时马虎大意、深度指示器失效或自动控制装置出现故障、提升容器到达减速位置而没有减速、安全保护装置失效、制动装置失灵等。

1. 案例

1993 年 6 月 14 日,某矿单绳缠绕式提升机副井提升系统发生事故。实习司机在无人监护的情况下,接到井口发出的绞入信号后,单独启动提升机。提升机启动后,运转速度越来越快,实习司机在不知所措的情况下,没有采取紧急制动,也没有切断电源,结果上提的南钩罐笼冲向井架的横梁,撞坏水泥横梁后拉断提升钢丝绳,因为过卷而引起断绳坠罐事故,罐内 4 人全部死亡。北钩罐笼因过放发生蹲罐事故,所幸罐内没有人员。事故后,经调查得知,该井在安装调试后尚未把限速保护接入安全回路,同时过卷保护失效。

2. 事故原因

(1) 实习司机在没有取得提升机司机操作证、没有正式司机监护的情况下擅自开车,属于严重违反劳动纪律的违章操作;正式司机脱岗,未履行监护职责,违反了劳动纪律。

(2) 实习司机操作失误,进入减速点后没有及时减速;发现提升速度过快不能控制时,又没有实施紧急制动或切断电源,属于违章操作。

(3) 对过卷保护维护检修不到位,该矿也没有执行每天试验1次过卷保护的制度。

(4) 该矿主要有关领导安全意识淡薄,在过卷保护失效、限速保护没有投入的情况下组织提升作业,属于严重的违章指挥。

(5) 该井没有安装防撞梁和托罐装置,导致过卷后的罐笼撞坏井架横梁后引起断绳并坠落井底的恶性事故。

(6) 该矿安全管理混乱,提升机司机存在较多的违章行为。

3. 预防措施

为防止过卷、蹲罐事故的发生,主要应从以下几个方面加强管理:

(1) 加强对过卷保护装置的检查维护,并且每天至少试验1次。对于只安装1套牌坊式深度指示器的提升设备,除在深度指示器上安装1套过卷保护装置外,还应在上井口井架上再安装1套过卷保护装置。

(2) 提升机必须安装深度指示器失效保护装置,当指示器失效时,能自动断电并使保险闸发生作用。

(3) 加强对限速保护、过速保护、闸间隙保护和减速功能保护装置的维护检修,确保上述保护装置齐全、有效,动作灵敏可靠。

(4) 提升机工作制动装置和保险制动装置应齐全、有效,并定期检查和试验,确保动作灵敏制动可靠。

(5) 条件允许时,可以增设后备保护系统。目前我国已研制出多种型号的后备综合保护系统,其主要功能包括:过卷保护和自动停车;通过减速点显示和自动减速;限速保护和自动停车;深度指示器传动失效报警和自动停车;超速显示和自动停车;等等。当提升机现有保护装置失灵时,后备保护可以起到保护作用。

(6) 提升机操作司机和监护司机必须精神集中,严格按照提升机操作规程进行操作,并注意提升容器接近终端停止位置时的示警铃声。

(7) 加强对提升机司机的培训，提高司机的安全意识、技术操作水平和处理紧急事故的应变能力。

(8) 加强对提升机的维护检修，尤其要对提升机的各种安全保护装置、制动装置、深度指示器和调绳离合器等进行维护检修。

二、斜井提升事故的原因及预防

(一) 过卷事故的原因及预防

1. 斜井提升系统发生过卷(过放)事故的主要原因

提升机司机违章操作，精神不集中，进入减速点而没有减速或串车到达下坡口后仍然不停车；深度指示器失效又没有深度指示器失效保护；过卷保护、限速保护、过速保护、减速功能保护装置失效；制动装置失灵；等等。

2. 预防措施

为防止过卷事故的发生，主要从以下几个方面加强管理：

(1) 加强对提升机司机的安全教育和安全培训，提高司机的安全意识、技术操作水平和处理紧急事故的应变能力，并严格按照操作规程认真操作。

(2) 加强设备管理，完善各种安全保护装置，如过卷保护、限速保护、过速保护、减速功能保护和深度指示器失效保护等，并对上述保护装置按照有关规定进行认真检查和维护，确保齐全有效，动作灵敏可靠。条件允许时，还可以增设后备保护系统。当提升机现有保护装置失灵时，后备保护可以及时投入使用，起到保护作用。

(3) 提升机必须安设符合《煤矿安全规程》规定的制动装置，并正确使用，及时维护，保证其动作灵敏，制动可靠。

(4) 按照《煤矿安全规程》的规定：井巷上端留有足够的过卷距离；信号把钩工每次发出开车信号前，必须经过检查，确认过卷距离内没有人员车辆和影响行车的任何障碍物。

(二)跑车事故的原因及预防

1. 斜井串车提升系统跑车事故

串车运行中,钢丝绳断裂、提升钩断裂或组成串车的各个矿车之间没有连挂及连挂装置失效引起断绳脱钩跑车事故。断绳的主要原因:提升钢丝绳强度不足、超载提升、过卷事故、串车刮卡或掉道事故、松绳事故及提升机司机操作不当等。断钩、矿车之间没有连挂或连挂装置失效的主要原因:提升钩强度不足、超期使用或超载提升;信号把钩工违章操作或误操作;连挂装置中的矿车碰头、钢丝绳绳扣、保险插销等不合格或失效;等等。

2. 预防措施

为防止断绳跑车事故的发生,主要应从以下几个方面加强管理:

(1) 合理选择和使用提升钢丝绳,并加强检查和试验。发现断丝数、直径减小量、安全系数及锈蚀超标时,必须立即更换,避免出现因钢丝绳强度不足而引起的断绳跑车事故。此外,在保证钢丝绳正常使用的前提下,为延长钢丝绳的使用寿命,可以在钢丝绳使用时间到达使用寿命一半左右时进行钢丝绳调头工作。

(2) 托绳轮(辊)按设计要求设置,并加强检查维护,保持转动灵活,以减小对钢丝绳的磨损。

(3) 斜井使用的提升钢丝绳应定期涂油,进行防腐处理。

(4) 加强对提升钩头的检查,发现问题及时更换。对产生裂纹的提升钩头必须报废,不能补焊,以免产生应力集中。

(5) 提升装置的最大提升载荷和最大提升载荷差应在井口公布,严禁超载提升和超最大载荷差提升。

(6) 加强对提升机司机的安全教育和技术培训,不断提高其安全意识和操作水平,杜绝双钩提升系统在单钩运转时升降人员或物料、超载运行和不送电松闸放飞车等违章行为。

(7) 完善提升机的各种安全保护装置,并按照有关规定认真检查维护，避免因过卷事故、松绳事故引发断绳跑车事故。

(8) 加强对提升机制动装置的日常检查和维护检修，发现问题及时处理，确保工作闸和保险闸动作灵活，制动可靠。

(9) 加强对斜井、轨道及矿车轮对的维护检查，发现问题立即处理，防止因掉道或刮卡串车引起断绳跑车事故。

(10) 加强对信号把钩工的安全教育和技术培训，严格执行操作规程，如必须正确使用保险绳；经常注意各挡车装置的开闭状态；开车前必须检查牵引车数、各车的连接和装载情况；制止违章人员乘车或超员乘车；等等。

(11) 在倾斜井巷内，必须安设防跑车装置和跑车防护装置，并认真进行检查维护，确保各种安全设施齐全有效，动作灵敏可靠。

(12) 矿车之间的连接必须使用保险插销，提升钩必须有防脱落装置。

(13) 加强对矿车连接装置的检查，发现问题及时处理。

（三）松绳事故的原因及预防

1. 发生松绳事故的原因

斜井箕斗在上坡口卸载煤仓附近被卡住而下放该钩箕斗；串车向下运行时被轨道内杂物卡住、被误动作的跑车防护装置挡住或掉道后，提升机继续运行；串车向上运行时实施保险制动或保险闸误动作，而制动减速度大于串车自然减速度；串车向下运行时严重过放；等等。

2. 预防措施

为了防止松绳事故的发生，主要应从以下几个方面加强管理：

(1) 提升机必须设置松绳保护并接入安全回路和报警回路，在钢丝绳松弛时能自动断电并报警。箕斗提升时，松绳保护装置动作后，严禁受煤仓放煤。此外，为确保松绳保护的正常使用，必须每班手试一次松绳保护。

(2) 箕斗提升时,必须加强对满仓保护的检查试验,确保满仓保护有效、可靠。

(3) 箕斗提升时,必须加强对箕斗溜煤嘴闸板的维护检修,并保证溜煤嘴闸板开闭灵活。

(4) 加强对提升机各种安全保护装置的检查维护,保证其齐全、有效,动作灵敏、可靠,不发生误动作。

(5) 加强对斜井轨道的日常检查和维护,及时清除轨道线路上的杂物,防止杂物影响串车运行。

(6) 加强对斜井跑车防护装置的检查维护,确保其保持正常的开、闭状态,防止误动作挡住正常运行的串车。

(7) 提升机的保险闸优先采用二级制动和延时制动。

(8) 加强对提升机司机的安全教育和培训,严格按操作规程精心操作,并随时注意提升机运转电流的指示变化情况,发现问题,及时停车检查。

第六章　提升机的标准操作

第一节　提升机房的安全管理制度

提升机房是矿井的重要动力要害部位，内有提升机及其供电系统和操作系统。建立健全提升机房的各项安全管理制度，规范人员的操作行为，严格按章操作，杜绝“三违”，是消除人为因素导致提升系统故障的根本措施。

一、提升机房标准化内容

（一）设备性能

（1）零部件完整齐全，有铭牌（主机、电动机、磁力站），设备完好并有完好牌及责任牌。

（2）合理使用，经济运行。

（3）性能良好。

（4）钢丝绳有出厂合格证，试验检查符合《煤矿安全规程》的要求。

（二）安全保护监测装置完善，动作灵敏可靠

（1）供电电源符合《煤矿安全规程》（第四百三十八条）的规定：主要通风机、提升人员的提升机、抽放瓦斯泵等主要设备房，应当各有两回路直接由变（配）电所馈出的供电线路；受条件限制时，其中的一回路可引自上述同种设备房的配电装置。

（2）高压开关柜的过流继电器、欠压释放继电器整定正确，动

作灵敏可靠。

(3) 脚踏开关动作灵敏可靠。

(4) 过卷开关安装位置符合规定,动作灵敏可靠。

(5) 松绳保护(缠绕式)动作灵敏可靠,并接入安全回路。

(6) 换向器栅栏门有闭锁开关,灵敏可靠。

(7) 箕斗提升有满仓信号,并且有满仓不能开车、松绳给煤机不能放煤的闭锁。

(8) 使用罐笼提升的立井,井口安全门与信号闭锁;井口阻车器与罐笼停止位置相联锁;摇台与信号闭锁;罐笼与罐笼闭锁。

(9) 每副闸瓦必须有磨损开关,调整适当,动作灵敏可靠。

(10) 过速和限速保护装置符合《煤矿安全规程》的要求,并有接近井口不超过 2 m/s 的保护,动作灵敏可靠。

(11) 方向继电器动作灵敏可靠。

(12) 制动系统要符合《机电设备完好标准》和《煤矿安全规程》的要求。斜井提升制动减速度达不到要求要采用二级制动。双滚筒绞车离合器闭锁可靠。

(13) 深度指示器指示准确,减速、警铃和过卷保护装置灵敏可靠,并具有深度指示器失效保护。

(14) 行程速度控制器可靠,提升机按设计和规定的速度图运行。

(15) 制动有过、欠压保护。润滑油有超温保护。

(16) 各种仪表指示正确灵敏并定期校验。

(17) 信号打点指示器指示正确,信号要有闭锁。

(18) 信号声光俱全,动作正确,检修与事故信号应有区别。

(19) 通讯可靠,井口与车房应有直通电话。

(20) 负力提升及升降人员的提升机应有电气制动,并能自动投入正常使用。盘形闸制动器提升机必须使用电气减速制动。

(21) 安全回路应装设冗余回路并具有故障监测显示装置。

(22) 地面高压电动机有过压保护装置。

(三) 规章制度

(1) 要害场所管理制度。

(2) 岗位责任制。

(3) 交接班制度。

(4) 领导干部上岗制度。

(5) 操作规程。

(四) 图纸、记录和技术资料

(1) 制动系统相关资料。

(2) 电气原理图。

(3) 巡回检查表。

(4) 提升机总装备图和技术卡片。

(五) 记录

(1) 要害场所登记簿。

(2) 运行日志及巡回检查记录。

(3) 事故登记簿。

(4) 定期检修记录。

(5) 钢丝绳检查记录。

(6) 干部上岗记录。

(7) 保护装置检查试验记录。

(六) 技术资料

(1) 仪表试验、安全保护装置整定试验资料齐全。

(2) 定期检修记录齐全。

(3) 技术测定及主要部件探伤资料齐全。

(4) 有完整的设计、安装资料和易损件图纸。

(七) 机房设施

(1) 房内整洁卫生、窗明几净，无杂物、油垢、积水和灰尘，禁止机房兼作他用。

(2) 机房门口挂有“机房重地，闲人免进”字牌。

(3) 机房内管线整齐。

(4) 有工具且排放整齐。

(5) 防护用具齐全(绝缘靴、手套、试电笔、接地线、停电牌)，并做到定期试验合格。

(6) 灭火器材齐全，放置整齐，数量充足(2～4 个灭火器，0.2 m^2以上的灭火纱)。

(7) 照明适度，光线充足，并备有行灯。

(8) 有适当的采暖降温设施(暖气、电扇或空调等)。

(9) 带电及转动部分有保护栅栏和警示牌。接地系统完善，接地电阻符合规定。

二、提升机房的安全保卫制度

(1) 非工作人员不得入内。

(2) 各种防范设施应齐全、完好。灭火器、砂箱、消防栓等按要求配置。

(3) 提升机房门外应悬挂有“机房重地，闲人免进”字样的警告牌。

(4) 提升机房内禁止存放易燃、易爆品。

(5) 当班提升机操作工应掌握设备运行的基本情况，按要求对其进行巡检，发现异常及时汇报值班领导。

(6) 各种电气保护应灵敏、可靠。

(7) 提高警惕，加强防火、防破坏、防盗工作，保证提升设备的安全运行。

(8) 提升机房内变压器、电感等裸漏电气设备要设围栏，并且悬挂相应警示牌。

(9) 如发生事故，应及时采取补救措施，并妥善保护事故现场，及时上报。

(10) 提升机房内所有部位都要有充足的照明。

三、提升机司机的交接班制度

(1) 接班人员要提前10 min到岗,在工作现场进行交接班。

(2) 交接班时,必须按照巡回检查制度规定的项目认真进行检查。

(3) 交接内容:

① 交清当班运行情况,交代不清不接。

② 交清设备故障和隐患,交代不清不接。

③ 交清应处理而未处理问题的原因,交代不清不接。

④ 交清工具和材料配件的情况,数量不符不接。

⑤ 交清设备和室内卫生打扫情况,不清洁不接。

⑥ 交清各种记录填写情况,填写不完整或未填写不接。

⑦ 交班不交给无合格证者或喝酒和精神不正常的人,非当班提升机操作工交代情况时不接。

(4) 接班提升机操作工认为未按规定交接时,有权拒绝交接班,并及时向上级汇报。

(5) 在规定的时间内接班提升机操作工缺勤时,未经领导同意,交班提升机操作工不得擅自离岗。

(6) 当班提升机操作工正在操作、提升机正在运行时,不得交与接班提升机操作工操作。

(7) 在交接班工程中,如遇特殊情况可向单位值班领导汇报,请求解决,不得擅自离岗。

(8) 交接工作经双方同意时,应在交接班记录簿上签字,方为有效。

四、提升机司机的巡回检查制度

(1) 提升机司机必须定时、定点、定内容、定要求地对提升机进行安全检查,掌握设备运行情况,记录运行的原始数据,及时发现设备运行中的隐患。

(2) 每小时按提升机巡回检查图表巡检一次,辨别各仪表指示是否正确，观察液压制动系统、冷却系统的温度、压力、流量、液位、渗漏等情况，注意设备的声音、气味、振动等有无异常，周围环境的温度、气味等有无异常。巡检后，及时填写运行日志。

(3) 巡回检查要严格按照提升机巡回检查图表制定的线路图进行，不得出现遗漏。

(4) 巡回检查主要采用手摸、目视、耳听的方法。

(5) 在巡回检查中发现的问题要及时处理。

巡查内容包括：

(1) 电流、电压、油压、风压等各指示仪表的读数应符合规定。

(2) 深度指示器指针位置和移动速度应正确。

(3) 各运转部位的声响应正常。

(4) 注意听信号并观察信号盘的信号变化。

(5) 各种保护装置的声光显示应正常。

(6) 单钩提升下放时注意钢丝绳跳动有无异常，上提时电流表有无异常摆动。

五、防灭火制度

(1) 提升机房必须按照规定配齐不同类型的消防器材，定期检查试验。

(2) 保持电气设备的完好，发现故障及时处理。

(3) 避免设备超负荷运转，要设置温度保护。

(4) 保持设备清洁，及时处理油污。

(5) 检修人员应及时清理擦拭设备带有油污的棉纱，在使用易燃清洗剂时，应远离火源。

(6) 提升机房内严禁吸烟，严禁使用电炉烧水、煮饭。

(7) 室内电缆悬挂整齐。

(8) 加强对变压器等发热设备的巡检，掌握设备运行的温升状况，发现温升异常时，及时停机、停电。

(9) 制定火灾防范措施，制定避灾路线。

(10) 提升机房发生电火灾和油火灾要及时灭火。

灭火方法：

(1) 及时处理切断电源，以防灭火者触电，控制火灾蔓延。

(2) 立即向矿调度室汇报。

(3) 灭火时，不可将身体或手持的用具触及导线和电气设备，以防触电。

(4) 应使用不导电的灭火器材。

(5) 扑灭火灾时，不能使用水，只能使用黄沙、二氧化碳和干粉灭火器等。

第二节　提升机的操作与安全运行

正确掌握提升机的操作方法，是保证提升机能够安全运行的前提。提升机司机在进行实际操作之前，首先要了解和熟悉所操作提升机的矿井提升系统；掌握提升机的类型、结构、原理以及性能；熟悉提升机的提升系统速度图、所采用的电气控制方式、减速方式以及操作方式。

一、提升机的操作

目前我国矿井提升机的操作方式有 3 种：手动操作、自动操作和半自动操作。

(1) 手动操作的提升机多用在斜井，操作工直接用控制器操纵电动机的换向和速度调节。

(2) 自动操作的提升机多用于提升循环简单、停车位置要求不必特别准确的主井箕斗提升系统，其操作过程都是提升机自动进行，操作工只需观察操作保护装置的正确性。

(3) 半自动操作，司机通过操作手把进行操作，启动阶段的加速过程是由继电器按规定要求自动切除启动电阻进行的，等速阶段由于电动机工作在自然阶段特性曲线的稳定运行区域，不需要自动操纵装置,只需观察各种保护装置的正确性。目前我国的提升机多采用半自动操作,操作工通过操作手把进行操作,启动阶段的加速过程是由继电器按规定要求自动切除启动电阻进行的,等速阶段由于电动机工作在自然机械特性曲线的稳定运行区域,不需要自动操作装置,只需要观察各种保护装置操作的正确性。

二、提升机的减速方式

提升机减速阶段的减速方式有3种:电气制动减速、惯性滑行减速和电动机减速。

制动减速可分为机械制动减速和电气制动减速。电气制动减速包括动力制动减速和低频发电制动减速。

惯性滑行减速方式是提升机在提升重物和提升惯性速度的共同作用下使提升机减速。

电动机减速是把电动机的转子附加电阻再逐级接入转子回路的方法进行减速。

三、中天合创煤炭分公司主副井提升机的操作

(一)运行前的检查与准备

检查重点:

(1)检查各结合部位螺栓是否松动,销轴有无松动。

(2)检查各润滑部位润滑油油质是否合格,油量是否充足,有无漏油现象,油温是否正常。

(3)检查制动系统常用闸和保险闸是否灵活可靠,间隙、行程及磨损是否符合要求。

(4)检查各种安全保护装置动作是否准确可靠。

(5)检查各种仪表和灯光声响信号是否清晰可靠。

(6)检查主电动机的温度是否符合规定。

检查完毕无误以后,按以下程序进行启动前的准备工作。

电控送电步骤:

(1)合低压电源柜(+LV)进线断路器和磁场电源、主风机电

源、变频器电源、控制电源、操作电源、液压站电源、井筒开关电源、信号电源等。

(2) 将提升数控柜(＋DC)内的不间断电源 UPS(停电时要及时关闭)投入工作。

(3) 将提升数控柜和操作台内的 PLC 投入工作。

(4) 合提升数控柜内的 PLC 电源空气开关。

(5) 将两侧的电源模块 PS407 上的电源开关拨至“1”位置,则电源模块上的“DC24V”绿灯亮。同时,CPU 模块上的“DC5V”绿灯和“STOP”橘黄色灯亮。

(6) 待所有的模块上不再有红色指示灯亮或橘黄色指示灯闪烁后,将 CPU 模块上的运行开关拨至“RUN”位置,则“RUN”绿色指示灯先闪烁约 2 s,然后停止闪烁,保持常亮,表示 PLC 投入工作。

(7) 合磁场柜(＋CC)内风机电源、装置电源、控制电源、脉冲盒电源和 PLC 电源空气开关。

(8) 合高压柜,在操作台上按“合高压”按钮来合变频器高压,按“合励磁高压”按钮来合整流器高压。

(9) 风机柜(＋FJ)中的刀闸合到变频器模式,合上断路器,按启动风机按钮,接触器吸合,变频器进入待机状态。在操作台按下“风机启动”按钮,待操作台上风机启动灯亮说明风机启动。

(10) 启动装置,“装置启动”灯亮,只有启动主风机以后,才能启动装置。

动车前的确认事项:

(1) 操作台上的制动手柄、主令手柄均置于零位,“手柄零位”“准备运行”指示灯亮。

(2) 操作台上的各转换开关、旋柄式按钮均置于正确位置。即工作方式在“1”,手动灯亮,编码器选择在“0”,过卷复位在“0”,操作台信号选择钥匙在左边。

(3) 送电完毕后,若系统中无重故障,且相关设备均投入正常工作,通过“故障解除”按钮进行复位,再按下合安全回路按钮,“硬件安全”和“软件安全”指示灯亮。若不能接通,则查找原因并排除故障。

(4) 若系统中有故障,则相应故障指示灯亮。若通过“故障解除”按钮不能解除故障,则查找原因并排除故障。

至此,准备工作完成,可以依据信号指令开车。

(二) 提升机运行操作程序与方法

1. 启动提升机

步骤如下:

(1) 在启动前,要核实设备已经根据本书中的相关规定进行了检查。

(2) 确认传动各进线柜的断路器已经正确闭合。

(3) 确认低压柜的各进线开关,微型断路器已闭合。尤其注意 UPS 的运行情况。

(4) 确认提升机主控制柜内的微型断路器均已闭合,各通讯模块工作正确,AC800M CPU 上“R”(运行)、“P”(外部供电)、“B”(内部电池),三个指示灯为绿色,“PRIM”黄色指示灯,表示 CPU 为主控制器(“F”灯,红色,若点亮表示故障状态,其他模块相同);通讯模块 CI854 和 CI801 上的“R”灯为绿色。

(5) 按照步骤(4),检查 AHM 监控柜内的 AC800M 模块的运行情况。

(6) 按照步骤(4),确认操作台+PA.1 的微型断路器闭合,通信接口工作正常,各 I/O 运行正常。

(7) 检查 HMI 操作员站计算机工作状态是否正常,切换显示画面动作是否正确,响应是否及时。

(8) 操作确认故障开关(包含闸控和主控),能够确认掉当前所有故障,同时操作台前故障指示灯熄灭,且操作台上提升机

“READY FOR START”指示灯被点亮。

(9) 如果故障依然存在,需要根据操作员站提供的画面查找,分析、确认并排除故障。在特殊情况下可采取旁路措施。

(10) 确认系统无报警信息。

(11) 确认变流器已经处于合状态,CDP312 的指示状态均正常,无任何故障及报警。如果传动未合,旋转操作台上的变流器到合位置,此次按钮内的灯开始闪烁,表示已经正常发出合传动命令,直到灯光常亮为止表示传动就绪。

(12) 若系统处于手动模式,闸控手柄处于“施闸”位置,确认主令手柄处于“0”位。

(13) 操作 HOIST 开关至 RESET 位置,使提升机复位。操作台上提升机“IN DUTY”指示灯被点亮,表明提升机已复位。如果出现跳闸,此灯将会再次熄灭。

(14) 该 RESET 命令将闭合变流器以及启动相关的辅助设备如电动机冷却风机,启动闸系统液压站,同时复位安全回路。如果变流器和其他辅助设备已经闭合,则复位操作只复位安全回路,操作台右侧中间“IN DUTY”指示灯点亮表明安全回路已合。此时,变流器依然处于闭锁状态。

(15) 确认“提升机闭锁”灯是熄灭的,如果此灯点亮,则无法发出运行命令。

(16) 在手动模式下,“IN DUTY”状态灯点亮,闭锁状态灯熄灭,提升机司机就可以按下启动按钮,移动主令手柄和闸控手柄(当处于手闸模式)启动提升机。

① 提升机闭锁情况;

② 辅助设备运行情况。

(17) 如果“提升机同步”状态灯熄灭,则必须手动操作提升机运行到同步点,系统同步点有:上下井口各 4.8 m 的位置,AHM 和 AHC 都同步后,“提升机已同步”状态灯重新点亮。

2. 关闭提升机

当要求提升机较长时间停车时，提升机应以手动方式开至井筒中指定位置(如井口)，这必须根据当地或矿山的相关规程完成。

将 HOIST 开关旋转到“TRIP”位置并保持 5 s 后，安全回路断开，提升机跳闸指示灯点亮，提升机进入停机状态。

3. 复位提升机安全回路跳闸

当提升机跳闸后，报警指示灯被点亮，同时将发出报警声音。在 HMI 操作画面上可以找到相关故障信息。

在进行复位前必须先将故障处理完毕。

操作员按以下步骤复位提升机(安全回路)：

(1) 选择确认声音开关，取消故障声音。

主令手柄处于“0”位，闸控手柄必须处于施闸位置。

(2) 操作确认故障开关(闸控和主控分别确认)，确认所有故障。当所有的故障被修复后，确认故障开关的操作会清除故障指示灯，同时过程画面上第一列 EMS 红色状态取消，进入灰色，且操作台上提升机“READY FOR START”指示灯被点亮。

(3) 将 HOIST 开关旋转至 RESET 位置，提升机得到复位，安全回路闭合；操作台右侧中间运行指示灯“IN DUTY”(绿色)点亮表示安全回路闭合。

通过人机界面可以对引起安全回路跳闸的故障进行旁路。这只能在手动方式且“旁路”开关处于“ON”位置时进行。在人机界面上设定的旁路每当提升机停止或者一个新的循环开始时就被取消。

4. 操作模式

操作方式分为自动模式(AUT)、手动方式(MAN)、井筒检查方式(INS)、首绳检查模式(H-R) 、尾绳检查模式(T-R)、保留方式(RES)等，由司机台上选择开关进行选择。

(1) 自动模式(AUT)

在自动方式下，提升机可以根据信号系统发出的方向命令进行运输。

在自动提升模式下，提升机启动必须满足：安全回路闭合，提升机没有闭锁，提升机已同步，箕斗到位，箕斗扇形门关闭，按下“Shaft Signal”按钮确认却换到自动模式，并且打点去向信号已经发出。只要有方向信号出现，则提升机会按照程序设定的速度自动运行并停车，在自动模式下要想实现停车只能使用拍急停按钮，并且在自动模式下系统有故障跳闸，必须手动切换到手动模式再复位，自动模式下无法复位故障。

在该模式下，闸的动作是完全自动控制的，提升机司机只需要观察好相应仪表的状态。

(2) 手动方式(MAN)

在手动方式下，由提升机司机控制，该方式可用于任何运输模式。在手动提升模式下，提升机启动必须满足：安全回路闭合，提升机没有闭锁，井筒设备均处在无闭锁位置，主令手柄处于“0”位，若选择手闸模式，闸控手柄需要处于施闸位置，信号系统有去向信号，提升机司机可以发出提升命令。

提升机司机按下主令手柄上的启动按钮，并移动主令手柄，提升机控制系统将会产生一个运行信号，该信号将会检测此时电动机的力矩/电流情况。随后，提升机司机即可释放该启动按钮。该模式下抱闸即可以由主令手柄控制，也可以由闸控手柄控制。

(3) 井筒检查方式(INS)

在井筒检查方式，提升机司机操作，并具备和手动方式相同的条件和功能，同时速度限制在 1.5 m/s。

信号系统打检修效果和操作模式打到井筒检查一样。在此模式下选择命令画面的“检修下旁路过卷”按钮则可以旁路过卷开关。但是 AHM 的过卷无法旁路，最大上提距离为停车点以上

1 m,如果想超过这个距离开车只能手动修改 AHM 位置。

(4) 首绳检查模式(H-R)

在此模式方式,提升机司机操作,并具备和手动方式相同的条件和功能,同时速度限制在 0.5 m/s,用于查绳操作。

(5) 尾绳检查模式(T-R)

在尾绳检查方式,提升机司机操作,并具备和手动方式相同的条件和功能,同时速度限制在 0.5 m/s,用于查绳操作。

注意:对于主井需要运人的情况,只能选择井筒检查、首绳检查、尾绳检查模式三种模式,手动模式和自动模式只用于提煤。

(6) 保留方式(RES)

保留模式为现场实现特殊功能预留的功能模式,在保留模式下,提升机司机和在手动模式下操作提升机的大部分条件是一致。在该模式下,还具备下列额外功能:

① 旁路控制电源的接地故障。

② 可以旁路由于滑绳产生的 AHM 过卷故障。

③ 在保留模式下按下操作台上“Shaft Signal”2 s 时可以打开单边提升功能。

④ 在保留模式下旋转“SSL SKIP SEL”到“X”位置或者“Y”位置,可以打开单侧提升功能,此时速度被限制在 0.15 m/s,油压限制在贴闸压力。模式开关离开保留模式或者“SSL SKIP SEL”转到“0”位置则关闭单侧提升功能,单侧提升时预制力矩设置为 ±1 300 kN · m。

第三节　提升机司机实操考核标准

一、制定依据

本标准依据《中华人民共和国安全生产法》《煤矿安全规程》《特种作业人员安全技术培训考核管理规定》《煤矿主提升机操作

工安全技术培训大纲及考核标准》等法律、法规和标准制定。

二、适用对象

从事煤矿主提升机操作作业的人员，即主提升机司机。

三、考试方式

采用模拟操作、虚拟仿真操作和手指口述等方式。

四、考试点基本条件

(1) 具有满足实际操作考试需要的考试场所。考试场所必须按照环境保护、劳动保护、安全和消防各项要求设置，应当设置有关安全指示标志、警示标语、考场规则等，应当安装实时监控系统。

(2) 具有满足实际操作考试需要的设备设施。配置主提升机模拟实物，或者配置主提升机安全操作虚拟仿真考试装置。设备设施应功能齐全、性能稳定、操作可靠、安全环保。

(3) 具有满足实际操作考试需要的考评人员。考评人员应具有工程师、讲师及以上专业技术职务或者技师及以上资格，实际从事煤矿机电专业相关工作 5 年以上，熟悉相应的专业知识和操作技能，掌握考试标准。

五、考试要求

(一) 考试科目

(1) 提升机作业前安全检查(简称 K1)。

(2) 提升机安全操作(简称 K2)。

(二) 组卷方式

K1、K2 两个科目组成试卷。

(三) 考试成绩

考试成绩总分为 100 分，80 分及以上为合格。

(四) 考试时间

考试时间为 30 min。

六、考试内容及评分标准

具体如表 6-1 和表 6-2 所示。

表 6-1　　提升机作业前安全检查(K1)

序号	考试项目	操作内容与步骤	考试方式	分值	评分标准
1	机房安全检查	(1) 检查作业环境: ① 照明充足温度正常,无与工作无关人员; ② 无易燃、易爆物品存放; ③ 操作台清洁、周围无杂物	手指口述或虚拟仿真操作	6 分	操作内容每项 2 分,每缺一项或一项不正确扣 2 分
		(2) 检查安全防护: ① 防护围栏、警示牌、接地保护、防雷电保护装置等齐全、完好; ② 通信联络畅通; ③ 消防器材类别、标识齐全,在有效期内,放置合理		6 分	操作内容每项 2 分,每缺一项或一项不正确扣 2 分
2	运行装置安全检查	(1) 检查制动装置: ① 制动闸把操作灵活、可靠; ② 盘形闸闸瓦无裂痕,闸瓦与闸盘之间的间隙不超过 2 mm	模拟操作＋手指口述或虚拟仿真操作	4 分	操作内容每项 2 分,每缺一项或一项不正确扣 2 分
		(2) 检查液压、润滑装置: ① 各液压、润滑部位油质合格,油位、油压正常; ② 液压、润滑管路、阀门等无泄漏		4 分	操作内容每项 2 分,每缺一项或一项不正确扣 2 分

续表 6-1

序号	考试项目	操作内容与步骤	考试方式	分值	评分标准
2	运行装置安全检查	(3) 检查传动装置： ① 传动防护装置齐全、可靠； ② 油管、液压管等无泄漏	模拟操作＋手指口述或虚拟仿真操作	4 分	操作内容每项 2 分，每缺一项或一项不正确扣 2 分
		(4) 检查连接装置、滚筒及钢丝绳： ① 传动联轴器连接完好，传动可靠； ② 各连接件（螺栓、销、轴等）齐全、完好，连接正确、牢靠； ③ 滚筒无裂痕，衬垫完好，压块紧固； ④ 滚筒钢丝绳完好、排列整齐		4 分	操作内容每项 1 分，每缺一项或一项不正确扣 1 分
		(5) 检查电气保护装置： ① 提升信号装置完好； ② 各电源开关、操作按钮、手把完好，操作灵活、工位正确； ③ 减速行程开关、深度指示器、过卷保护等保护装置及电气闭锁装置完好； ④ 各开关柜电气元件无异常现象，指示灯指示正常； ⑤ 电动机轴编码器固定牢靠，接线牢固		5 分	操作内容每项 1 分，每缺一项或一项不正确扣 1 分

续表 6-1

序号	考试项目	操作内容与步骤	考试方式	分值	评分标准
3	试运转安全操作	(1) 试运转准备： 打开电源开关→按动操作台风机、润滑泵、制动泵等控制按钮→按动安全回路“合闸”按钮→接通安全接触器→松开安全制动闸	模拟操作＋手指口述或虚拟仿真操作	5分	操作内容每项1分，每缺一项或一项不正确扣1分
		(2) 试验保护装置： 置各电源开关、操作按钮、手把于开车位置→置制动闸手把于“0”位→置主令控制器手把于“0”位→通知井口信号工发出开车信号→手动试验操作→确认过卷开关、闸瓦间隙保护开关、紧急停机按钮轴编码器失效保护装置等完好、可靠		6分	操作内容每项1分，每缺一项或一项不正确扣1分
		(3) 试运转： 置制动闸手把于松闸位置→置主令控制器手把到运行位置→启动提升机空载运行→确认提升容器运行位置合适，滚筒运转正常→置主令控制器手把到“0”位→置制动闸手把于刹车位置		6分	操作内容每项1分，每缺一项或一项不正确扣1分
4	合计			50分	

表 6-2　　提升机安全操作(K2)

序号	考试项目	操作内容与步骤	考试方式	分值	评分标准
1	开机安全操作	置制动闸手把于全抱闸位置→置主令控制器手把于“0”位→打开电源开关→打开辅助回路开关→按动复位按钮→启动冷却风机→启动励磁装置(直流提升机)或动力制动电动机→启动制动油泵	模拟操作＋手指口述或虚拟仿真操作	8 分	操作步骤每步 1 分，每缺一步或一步不正确扣 1 分
2	提升运行安全操作	(1) 启动、加速运行： 听取开车信号，确定提升方向→缓慢松开操作制动闸手把→推动主令控制器手把，启动提升机滚筒(单绳缠绕式提升机钢丝绳预紧)→推动主令控制器手把，驱动提升机均匀加速运行(或变频调速)		8 分	操作步骤每步 2 分，每缺一步或一步不正确扣 2 分
		(2) 等速运行： 置主令控制器手把于相应终端位置→置制动闸于全松闸位置，驱动提升机等速运行→确认电流、油压、速度等各种运行数据正常→确认深度指示器、钢丝绳、滚筒、传动装置等运行状况良好		8 分	操作步骤每步 2 分，每缺一步或一步不正确扣 1 分
		(3) 减速运行： 确认深度指示器指示到减速位置(或按照警铃警示)→推动主令控制器手把向“0”位移动→驱动提升机均匀减速运行		3 分	操作步骤每步 1 分，每缺一步或一步不正确扣 1 分

续表 6-2

序号	考试项目	操作内容与步骤	考试方式	分值	评分标准
3	停机安全操作	(1) 正常停机： 听取正常停机信号→推动主令控制器手把移向“0”位→待滚筒完全停止运转→推动制动闸手把于全制动位置	模拟操作＋手指口述或虚拟仿真操作	4 分	操作步骤每步 1 分，每缺一步或一步不正确扣 1 分
		(2) 临时停机： 听取临时停机信号→推动主令控制器手把于“0”位→推动制动闸手把进行制动停机(司机不得离开操作岗位)		6 分	操作步骤每步 2 分，每缺一步或一步不正确扣 2 分
		(3) 紧急停机： 确认出现需紧急停机的情况→按动紧急停机按钮，停止提升机运行→处理有关紧急停机情况→确认危急情况排除→解锁紧急停机按钮→报告紧急停机情况		6 分	操作步骤每步 1 分，每缺一步或一步不正确扣 1 分
4	收工安全操作	复位提升容器→抱闸停机→关闭制动油泵→关闭电源开关→整理操作台→填写当班作业记录→进行现场交接班		7 分	操作步骤每步 1 分，每缺一步或一步不正确扣 1 分
5	合计			50 分	

参考文献

[1] 国家安全生产监督管理总局宣传教育中心.主提升机司机操作资格培训考核教材[M].徐州:中国矿业大学出版社,2009.
[2] 米发金.主提升司机[M].徐州:中国矿业大学出版社,2007.
[3] 翟君武.主提升机司机[M].北京:煤炭工业出版社,2008.
[4] 张凤杰.煤矿主提升机操作工[M].徐州:中国矿业大学出版社,2008.